高齢ドライバー・激増時代

所　正文

交通社会から日本を変えていこう

学文社

はじめに

高齢ドライバーによる交通事故が増えている。認知症ドライバーに対する運転免許取消しも法制化された。クルマを運転している自分の父親、母親は大丈夫だろうかと心配する中年世代の息子や娘は多い。親が元気にクルマを運転することはうれしいが、大きな交通事故を起こしたら取返しがつかないと思うからだ。

しかし、高齢者はそう簡単にはクルマの運転をやめられない。地方で生活する人にとってクルマはまさに生活の命綱であるからである。「免許を手放すと買い物にも病院へも行けない。だからギリギリのところまで運転を続けるしかない」というのが、地方在住者の切実な声である。東京に住んでいる人たちは、「年をとって運転することが危ないならば、運転を止めればよい」と簡単に考えるかもしれないが、地方にはそうしたことが許されない厳しい日々の生活の現実がある。

本書では、マイカー需要性の違いから地方在住者と東京在住者とのライフスタイルの違いを浮き彫りにしていく。この問題は、じわじわとわが国社会に広がり始めた「格差社会」の一側面（地域格差）にほかならないと筆者は考える。格差の広がりはけっして好ましくなく、是正していくことが強く望まれる。レジャー目的でマイカーを保有することが多い都会のクルマ愛好家の方々にも、こうした地域格差の実態をぜひ知っていただきたいと思う。

また、本書は交通を切り口とした本ではあるが、「実は高齢者福祉と深く結びついている」ということを読者諸氏に訴えたい。地方に住む高齢者が運転を止めれば、これまでに営々と築いてきた日常生活の根本的な変更を迫られ、大きな不便が生ずる。そのうえ生活を維持するための新たなコストが発生する。たとえば四国の山間部に住む老夫婦の場合、この地域では一日一〇便程度のバスはあるが、自宅からバス停までは遠く、病弱の夫はそこまで歩くこともたいへんとのこと。夫が通院する病院までタクシーを利用すると往復で約一万円かかるため、軽度認知症である夫は運転を継続しているという（第2章のなかで紹介）。認知症患者と家族の生活を守るために、免許制限が行われた後の生活支援が必要なことは明らかである。

本書の第2章では、「認知症ドライバー」と「交通心理士」について取り上げている。交通に関する専門資格・交通心理士（日本交通心理学会認定資格）への期待が、今後高まると筆者は考える。認知症ドライバーの運転免許の取消しは、交通警察の窓口で機械的に処理できるような簡単なものではけっしてない。事実、軽度認知症患者に対して運転継続可能性を認める専門医もおり、認知症患者の運転継続問題が原因で家庭内介護破綻にいたるケースも報告されている。運転免許を持つ高齢者にとって車の運転ができるということは自立の象徴であり、免許証は自らの尊厳の証である場合も少なくない。それゆえに運転免許を持つ高齢者は運転断念勧告を強硬に拒絶するのである。認知症ドライバー本人とその家族、掛りつけ医、そして交通警察との連結ピンの役割を果たすのが交通心理士であると思う。こうした点において、本書が「交通の本ではありながら、高齢者福祉と深く結びついている」という理由がある。そのため、交通関係者、ならびに福祉関係者の方々にこの問題の本質を知っていただき、交通心理士資格への関心を高めていただきたいと思う。

「加齢にともなう運転能力・安全性」と「高齢者の生活利便性・生きがい」とが真っ向からぶつかるこの問題は、わが国の長寿社会がもたらす難題としてわたしたちに重くのしかかっている。運転免許保有率が八〇%を超える団塊世代の高齢ドライバーへの仲間入りが間近に迫っているいま、この問題は現下のわが国社会における最重要課題のひとつとして位置づけられよう。

この問題は、最終的には高齢者の人生選択の問題に結びつくと筆者は考える。文明社会において一度手に入れた便利なものを手放す勇気をもてる人は少ない。多くの人は便利なものの欠陥が見つかった場合でもそれを手放そうとはせず、なんとかうまく付き合っていく方法を考えたがるものである。それが人間のもつ知恵であるからである。しかし、真の知恵とは、便利なものを捨て去る勇気をもつことである場合もある。世界でも類を見ない超高齢時代を生きるわたしたちは、交通の分野から発想の転換を図り日本社会を変えていく必要があると思う。そして、発想の転換を図るのは高齢者ばかりではなく、高齢者をとりまく若年・中年世代の人たちも含まれることを強調したい。

そのためには運転免許を手放した人に対して、年老いた落伍者のような見方を、高齢者自身も若年・中年世代の人たちも絶対にしてはならない。トップアスリートにも必ず引退のときがくる。それで彼らの人生が終わるわけではなく、その後さらに新しい人生が展開していることに思いを及ぼしたい。運転を断念した人についても、その人たちは運転をしない別の人生を選択したという価値観を高齢社会に生きるわたしたちすべてが共有すべきではないか。それが高齢社会における新しい文化となることを望みたい。

「交通は社会の縮図である」としばしばいわれる。道路という公共の場に多くの人々がさまざまなかたちで関わり目的地まで移動している。交通社会には高齢者ばかりではなく、若年・中年世代の人たちも数多く関わっている。交通社会のあり方が変わればきっと日本社会も変わるはずである。

目次

高齢ドライバー・激増時代

第1章　交通社会の高齢化
——高齢時代の激流が交通社会を直撃

増え続ける高齢者の交通事故死

わが国は世界でも類を見ない超高齢社会を迎えており、国民生活のさまざまな場面において高齢時代がもたらす「負の産物」への対応を迫られている。年金、医療、介護といった社会福祉的な問題に加えて、増え続ける高齢者の交通事故に関する問題も深刻な社会問題のひとつになっている。

図1・1は二〇〇四年時点での六五歳以上の人口比率と交通事故死者構成率に関して、欧米主要国とわが国とを比較したものである。アメリカを除く各国とわが国の六五歳以上の人口比率はいずれも一五％を超えており、人口の高齢問題は先進国の共通した問題であることがわかる。

一方、交通事故死者全体に占める六五歳以上の構成率を見ると、わが国の数値が際だって高いことに気がつく。欧米各国の場合、いずれも人口比率を若干上回る程度であるのに対して、わが国の場合、人口比率の二倍以上になっている。このデータは、わが国の交通環境、および交通システム全般において、それらが高齢者にとって好ましくないものであることを示唆しているといえよう。

わが国の交通事故死者数は、一九九〇年代中頃から下降傾向にあり、二〇〇五年には一九六〇年代以降ではじめて七〇〇〇人を切るところまで減少している。しかし、六五歳以上の交通事故死者構成率を見ると、年々増加し先進国のなかで際だって高く、これはまさしく高齢時代がもたらす負の産物であるといえる。

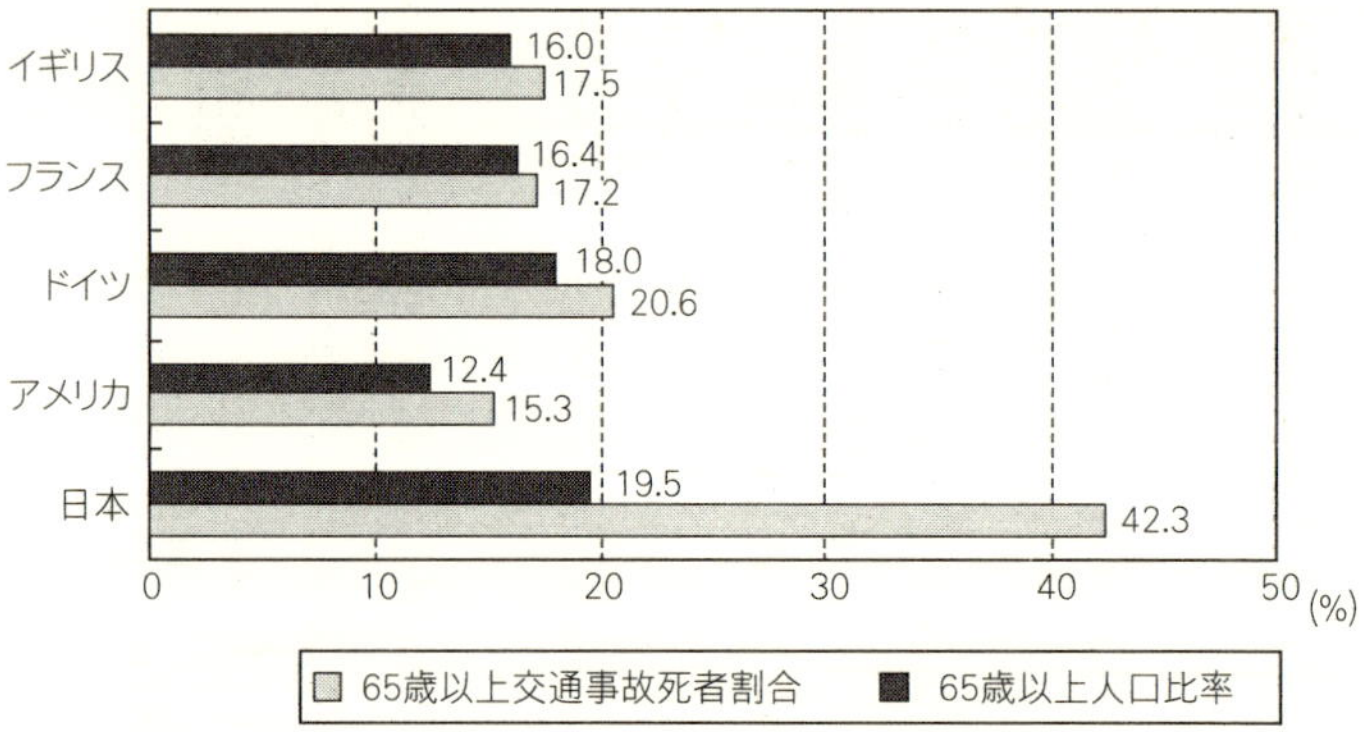

出所：内閣府（2006）より作成

図 1.1　65 歳以上の人口比率と交通事故死者構成率（2005 年）

高齢者の自動車事故死が急増

増え続ける六五歳以上の交通事故死者に関して、状態別死者構成率を示したものが図1・2である。圧倒的に「歩行中の事故死」が多く、全体のほぼ半数を占めている。抜きん出て多い高齢者の歩行中の事故死者数が、諸外国に比べてわが国高齢者の交通事故死者数を高めている理由の一つとされる。したがって、歩行中の高齢者を交通事故から守る対策検討が、引き続き最優先されなければならない。

さらに、こうした歩行中の事故死に「自転車乗用中の事故死」を加えると全体のほぼ六五％に達する。ちなみに、茨城県での二〇〇五年・六五歳以上交通事故死者状況によれば、一三〇人の年間死者中、歩行中と自転車乗用中で九二名（七〇・八％）に上り、このなかで運転免許を保有していた人はわずかに三名（三・三％）であるという。運転免許を持たないゆえに、歩いたり自転車に乗ったりしていると理解されるが、こうした人たちは交通安全講習を受ける機会がほとんどなかったのではないだろうか。依然として全体の三分の二を占める歩行中と自転車乗用中の交通事故死者には、有効な交通安全指導が行き届いておらず、今後の重要課題であるといえる。

一方、一九九〇年代以降、高齢者の歩行中の事故死者数は依然として断トツの一位ではあるものの、わずかながら減少傾向を示していることに注目したい。また、自転車、自動二輪、原付乗車中の交通事故死者数も横這いもしくは減少傾向を示している。これに対して、自動車乗車中の事故死者数は八九年以降年々増加していることにおおいに注目したい。すなわち、現在増え続けている高齢者の交通事故死者数は、自動車乗車中の事故死者によって押し上げられていることがわかる。自動車乗車中の場合、高齢者でも七〇%程度は自分でハンドルを握り運転しているといわれ、高齢者の交通事故死は必ずしも交通弱者としての被害者ばかりではなく、若年や中年の人と同様に加害者の側面が出てきたといえる。この傾向が今後ますます強まっていくことが懸念される。

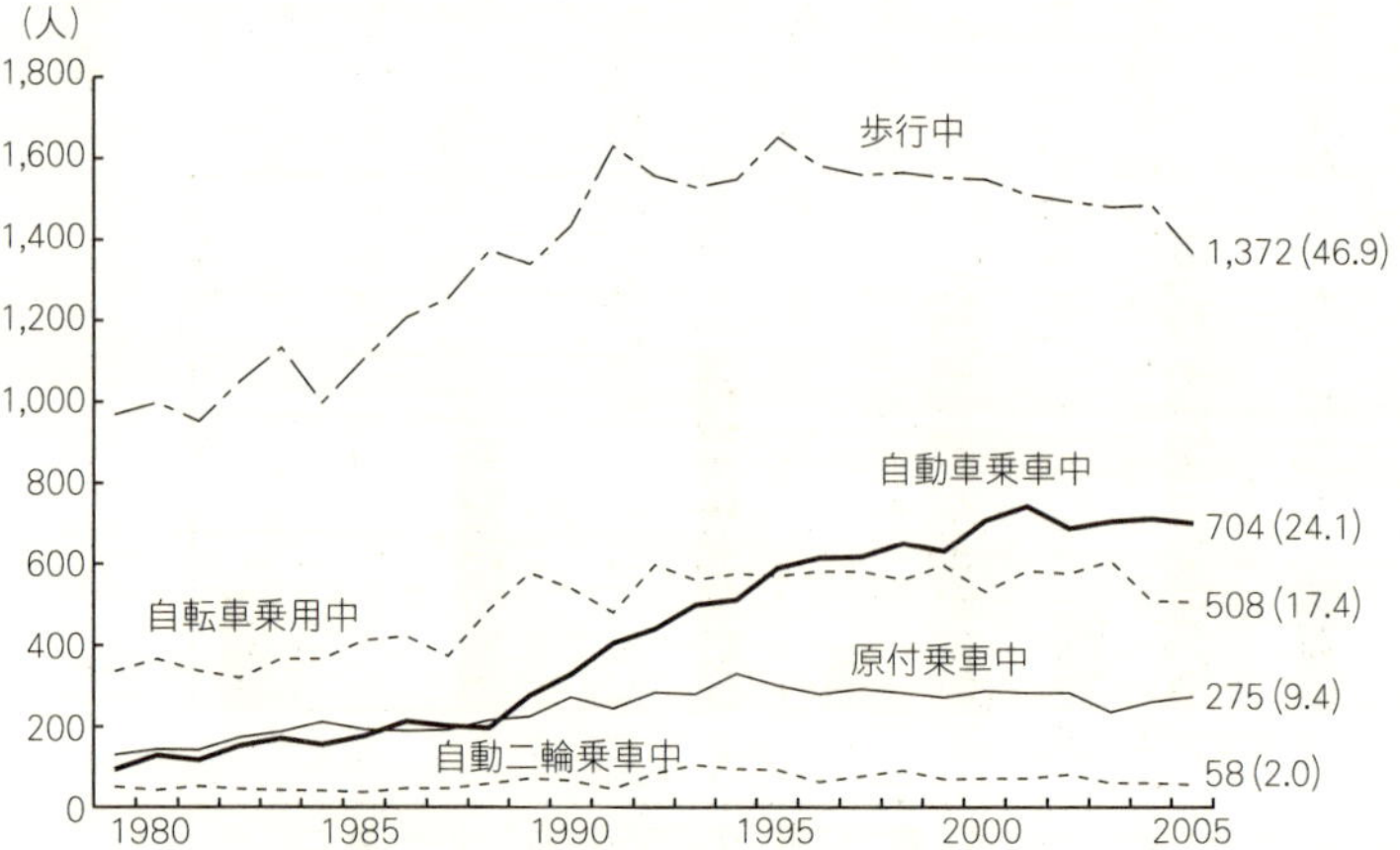

注：1. 警察庁資料による。ただし，「その他」は省略している。
　　2. (　) 内は，高齢者の状態別死者数の構成率 (%) である。
出所：内閣府 (2006)

図 1.2　高齢者の状態別交通事故死者数の推移

八〇%を超える団塊世代の運転免許保有率

高齢者の運転免許保有率の変化（図1・3）を見ると、過去三〇年間において保有率が大きく上昇していることがわかる。二〇〇五年では七〇歳代前半の保有率が四五・四%に達しており、これは二〇年前の五〇歳代後半の保有率（四三・五%）を上回っている。

一方、現在の五〇歳代後半の保有率は八〇%を超えており、五〜一〇年後にはこうした人たちが確実に高齢ドライバーへの仲間入りをするわけである。加えてこの世代は、戦後のベビーブームに生まれたいわゆる団塊世代と呼ばれる人たちであり、その前後の世代に比べて出生率が高く、大きな人口ブロックを形成している。したがって、わが国交通社会は近い将来において一気に膨大な数の高

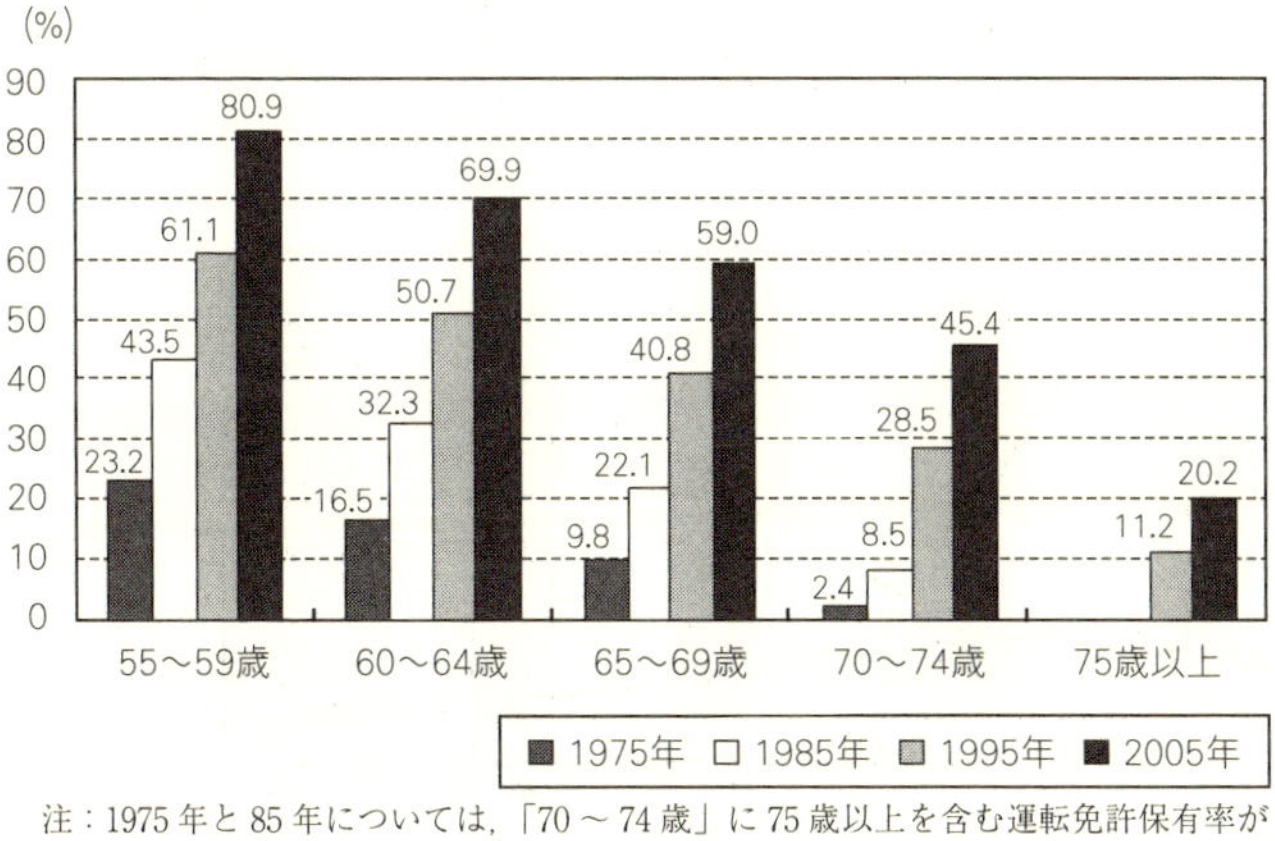

注：1975年と85年については，「70～74歳」に75歳以上を含む運転免許保有率が示されている。
出所：総理府（1976），総務庁（1986，1996），内閣府（2006）より作成

図1.3　年齢階層別の運転免許保有率の推移

齢ドライバーをかかえることが避けられない状況にある。それによって、自動車乗車中の事故死者数の増加がたいへん懸念され、高齢ドライバーの安全対策研究は一刻の猶予も許されない、緊急性を帯びたテーマになっている。

国民の自動車保有台数の推移（図1・4）からも、国民皆免許の状況が見て取れる。いまや赤ん坊から超高齢者までを含めた全国民の一・六人に一人が自動車を保有する時代となっている。「平均寿命が延びれば、健康であるかぎり車の運転を続けていきたい」と考える人が今後ますます増えていくとみられ、高齢ドライバーによる交通事故が懸念されるわけである。

しかし、わが国のモータリゼーションは、欧米先進諸国に比べ遅れており、一九六〇年代の後半からであった。六五年時点では自動車を持つ人は一二・四人に一人であり、まだ特別な人の乗り物で

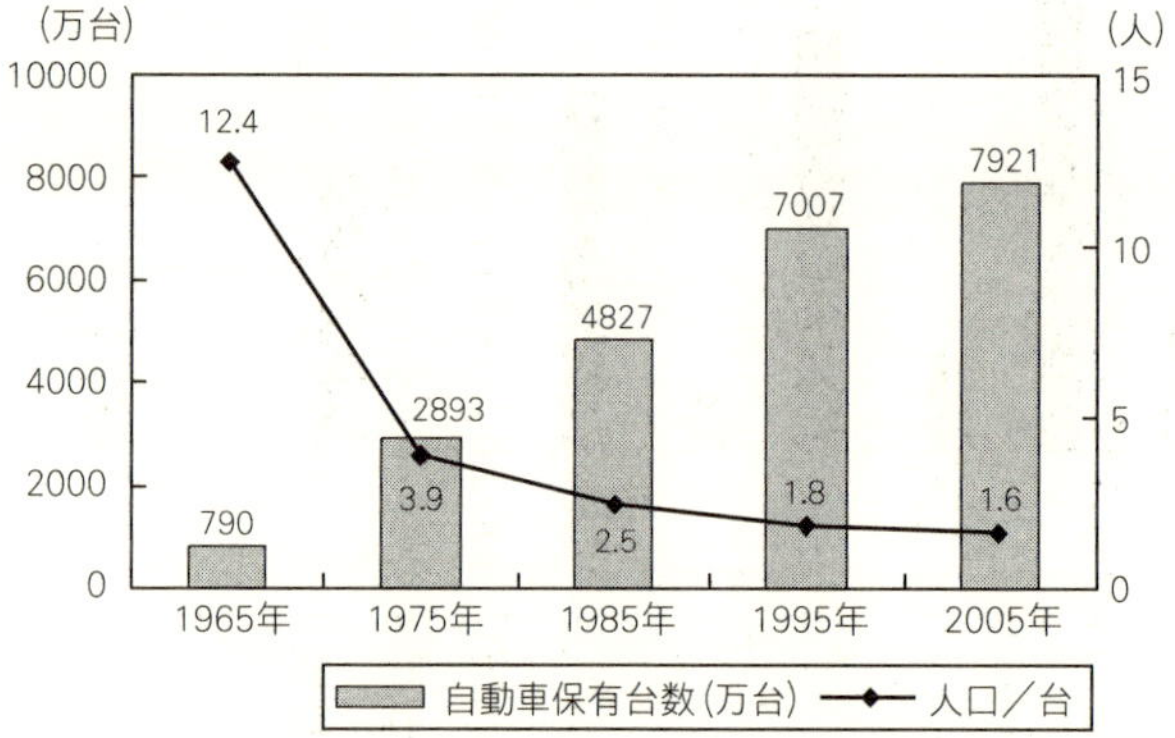

出所：総理府（1966, 1976），総務庁（1986, 1996），内閣府（2006）より作成

図 1.4　国民の自動車保有台数の推移

あった。高度経済成長により国民生活が豊かになり、多くの国民が自動車を持つようになったといえる。そして八〇年代以降は先進諸国に完全に追いつき、いまや世界有数の自動車大国となっている。

事故内容が異なる高齢者と若年者

高齢者の運転免許保有率の急激な増加により、今後中長期的には、自動車乗車中の事故死者が増えることが大変懸念される。しかし、同じ自動車による交通事故であっても、高齢者の自動車事故は、若年者のそれとは質的に異なるため、若年者を含めた一律の交通安全対策では不十分であるといえる。交通事故統計から高齢者と若年者による自動車事故の特徴を事故種類、交通違反、および事故現場の道路状況などの観点から分析整理すると表1・1のようになる。

高齢者の主な自動車事故の種類は「出合頭事故」と「右折事故」である。出合頭事故とは、路地から大きな道路へ入るときに、本線を走行する車の切れ目にうまく合流できないために発生する事故などが代表的である。この種の事故を起こした場合には「一時停止違反」や「優先通行違反」といった交通違反が適用される。交差点での右折事故についても、対向車線を走行する車の切れ目を見計らい、右へ曲がるタイミングをうまくとらえられずに事故が起こるという点で、出合頭事故と相通ずるものがある。

こうした状況から判断すると、高齢者の事故の多くは、距離感覚（目測）と自車の走行速度との関係を瞬時に判断できなかったために生じた事故、あるいは事故相手に早く気づいていてもアクセル、ブレーキ操作等による減速行動をスムーズにとれなかったことによる事故であるといえる。いずれの場合も、自車のスピードは安全速度の範囲内であり、道路状況としては他の年齢段階よりも「交差点」の場合が多くなっている。六五歳以上の交通事故死者において「最高速度違反」による死亡事故はきわめて稀であることを付記したい。すなわち、高齢者による自動車事故は、スピードの出し過ぎなどの無謀運転によるものではなく、運転行動に必要な情報の意味を読みとり、判断決定するといった情報処理に時間がかかるため、複雑な交通状況下で、しかも迅速な行動が要求されるときに問題が生ずると考えられる。

これに対して、若年者の自動車事故の種類は「衝突事故」と「追突事故」が代表的である。これらの事故の背後にある交通違反としては「最高速度違反」「徐行違反」

表 1.1　高齢者と若年者の事故類型の比較

	高齢者の事故	若年者の事故
事故種類	出合頭事故	衝突事故
	右折事故	追突事故
交通違反	一時停止違反	最高速度違反
	優先通行違反	徐行違反
	右折違反	脇見
事故地点	交差点	直線道路
		カーブ
その他	最高速度違反はきわめて稀	携帯電話による事故が漸増

出所：所（2004a）

といったスピード絡みの違反と「脇見」が多くなっている。高齢者とはまったく対照的である。若年者の事故の多くは、スピードが出ており、直線道路やカーブで追突や道路構造物との衝突が中心であるため、大惨事につながる危険性が高い。そして、最近の傾向として携帯電話を使用しながらの運転が原因で交通事故につながるケースも若年者の事故の特徴として指摘されている（所、一九九七、一九九九）。

交通安全対策の枠組み

交通安全対策の枠組みをクルト・レヴィン（K. Lewin）の行動の法則［B＝f（P, E），人間の行動（Behavior）は、人間の特性（Person）と置かれている環境（Environment）との関数で表される］に当てはめて考えると次のようになる。

●P－ドライバー自身に対して安全行動を求める
①外発的な強制－Enforcement（取締り）
②内発的な変化－Education & Encouragement　（例）高齢者講習
●E－交通環境の改善促進を図る
①道路構造、交通施設等の改善
②交通参加者の意識変革

前記に関して若干の説明をしたい。

Enforcement（取締り）は、交通違反者に対する免許取消しや罰金を科すなどの交通警察行政の任務をさす。交通違反の取締りは年々厳しさを増しており、取締りの手法も高度化してきている。違反者を取り締まるということは、心理学の動機づけ理論からすると外発的動機づけの立場をとっており、適切な行動をとれない者に対して罰を与え、態度や行動の変容を強要するという考え方である。すなわち、アメとムチでコントロールすることがもっとも有効であるという考え方に基づいている。飲酒運転に対する厳罰化などは代表的なものであり、これは最近の交通事故死者数の激減に大きく貢献しているとされる。

飲酒運転に関しては、同乗者や酒を提供した人物まで拡大して厳罰をさらに強める方向で二〇〇七年に法改正がなされた。飲酒運転ドライバーを懲戒免職にする自治体も増えてきている。

しかし、厳しい取締りのみに依存する交通安全対策では不十分である。とくに高齢者の場合、一般的に交通マナーがよく安全運転行動がとられているため、取締りの対象になることは少ない。心理学的にも外発的動機づけによる行動変容は、短期的には効果がみられるが、あまり長続きしないと考えられている。警察の取締りがないと知るや、再びまた違反を犯すといったことが繰り返されることも経験的に知られている。

次にEducation（交通安全教育）は、交通規則を守ることの重要性を論理的、具体的、体系的に示し、安全態度を醸成していく方法である。適切な手法で実施されれば、変容した態度や行動の持続性はかなり高い。心理学的には内発的動機づけの立場をとっている。運転免許を更新する際に行われる講習は代表的なものである。七〇歳以上の高齢者の場合には、「高齢者講習」と呼ばれる特別な講習が運転免許更新時に義務づけられている。その他、道路交通法によって企業の安全運転管理者に対して義務づけられている「安全運転管理者講習」も交通警察が力を入れている教育機会である。

しかし、わが国の交通安全教育は形骸化しており、その効果を疑問視する声が少なくない。すなわち、巨額のコストをかけている割には教育方法や内容に問題があるため、必ずしも十分な効果が得られていないという指摘もある。ちなみに、交通安全教育の先進国であるドイツでは、学校教育のカリキュラムのなかに交通安全教育が盛り込まれており、各発達段階に応じた内容と方法で実施されているため、多大な効果をあげている。わが国においても実効力のあるストラテジーの検討が求められる。

Encouragement（啓蒙活動）は、広い意味では交通安全教育の一環と考えることができる。しかし、交通安全教育が科学性や具体性を重んじるのに対して、啓蒙活動は精神論主体であるところに特徴がある。春期や秋期に全国一斉の交通安全週間を設定して、巨費を投じてポスターやステッカーなどを配布し、大々的にキャンペーン活動を展開する啓蒙活動が毎年行われている。また、各企業においても職場単位の朝礼などで交通安全に関する精神運動が展開されることが多い。「乗車時には必ずシートベルトを着用しよう」といったキャッチフレーズなどは、その代表といえる。こうした運動を通して、もちろん一定の効果は期待できると思われるが、キャンペーンそのものが単なる精神運動であったり、抽象的で具体性に欠けるような場合には、必ずしも十分な効果は望めない。ドライバーに対して、真の態度変容、行動変容をもたらすためには、やはり各発達段階に応じた体系的な交通安全教育に優るものはないと考えられる。

Environment（交通環境整備）は、主に道路上の交通施設を整備することによって、人間の交通行動に関して危険な要素を交通環境から取り除いていくことを意味する。具体的には、危険な箇所に横断歩道、信号、ガードレールなどを設置することにより、歩行者を保護したり、あるいは衝突時の衝撃を緩和することなどがあげられる。交通環境整備には大きなコストがかかるが、交通事故対策として取締りや安全教育だけでは限界があることは自明である。さらに、今後交通弱者である多くの高齢者が交通社会に参加することになるため、環境面からのフォローはたいへん重要になる。わが国の交通環境整備は、欧米先進国に比べてかなり遅れているため、今後この側面からの対策が重視されなければならない。

交通環境整備は、前記の物的な環境ばかりでなく、人的環境も含まれることを強調したい。とくに交通弱者である高齢者が交通社会に多く参加するようになると、高齢者をとりまく人々の思いやりの気持ち（〝ギブウェイ Give Way の心〟）が重要になる。高齢者の交通事故は、高齢者本人が気をつければ減少するというものではけっしてなく、周りの人々の配慮が重要である。さらに本書では、車両構造に関わる問題も高齢ドライバーをとりまく交通環境整備の問題として取り上げていく予定である。

以上述べた四原則が、交通安全対策の骨子になるものである。この四原則は、いずれも頭文字にEがつくため、交通安全に取り組む関係者の間で「4E」と呼ばれており、わが国のみならず欧米主要国でもすでに一般的理解となっている。

交通インフラ整備の一九七〇年代——第一次交通戦争時の対策

交通事故は、文明の発達がもたらした代表的な負の遺産のひとつといえる。わが国において、高度経済成長期の終盤に顕在化した「第一次交通戦争」はまさに象徴的であった。とくに一九七〇年の年間交通事故死者一万六七六五人、負傷者数九八万一〇九六人は、わが国交通史上最悪の記録であり、高度経済成長の影の部分が一気に吹き出たものといえる。交通安全教育、交通環境、交通法制などの交通行政がまったく未整備な状態で、経済のみが急成長し、効率性だけをひたすら追求した結果が、当時の国民の一〇〇人に一人が交通事故で負傷するという事態を招いたといえよう。

当時のわが国の交通社会は、この事態を真剣に受けとめ、ただちに対策に着手した。とられた主な対策は次の二つであった。

① 交通警察による交通違反の取締り、罰則の強化
② 信号機、横断歩道、ガードレール等の交通施設の拡充

これらの対策は、速やかに効果を表し、最悪時から九年後の一九七九年には年間死者数を八四六六人にまで減少させた。わずか一〇年足らずで交通事故死者を半減させたわが国の取組みには、欧米先進諸国も注目したといわれる。

対策の実績が確実に現れ始めてきた一九七六年の交通安全白書には「一九七〇年に交通安全対策基本法が制定され、これに基づいて国および地方公共団体が人命がなによりも優先するという認識のもとに……歩道、信号機等の交通安全施設の飛躍的な整備増強、効果的な交通規制の推進、車両の安全性の向上、交通指導取締りの強化、交通安全運動および交通安全教育の普及等、各方面にわたる交通安全対策を強力かつ総合的に推進し、……国民もこれに対して積極的な協力と自主的な活動を惜しまなかった結果である」と分析されている。ちなみに、一九七五年の歩行中の死者数は三七三二人であり、これは最悪時である一九七〇年の同死者数五九三九人と比較すると、わずか五年間で実に三七・二％も減少している。

しかし、八〇年以降、交通事故死者数は再び増えはじめ、当時の日本は先進国のなかで唯一交通事故死者数が増えている国であった。とくに一九八八年より九五年まで連続八年間にわたり、交通事故死者数が一万人を突破したため、この状況は「第二次交通戦争」であるといわれ

た。第二次交通戦争においては、高齢時代を反映し、高齢者の死者数の増加が重要な特徴となった。そのため、交通社会の発展途上であった第一次の際にとられた対策の更なる強化では、方向を誤る危険性があったわけである。

高齢時代に即したきめ細かな施策――第二次交通戦争時の対策

歩行者と自転車の側面から

高齢者の交通事故死者の約半数は歩行中の事故死であり、これに自転車乗用中の事故死が加わると全体のほぼ六五％に達することをすでに述べた。さらにこうした人たちのほとんどが運転免許を保有していないことも明らかにされている。

少なくとも運転免許を保有していれば、免許更新の際に交通安全講習を受講できるが、こうした人たちはそれができない。加えて六五歳以上の人の場合、多くは定年退職しているため職場で交通安全教育を受けられる人も少ない。すなわち、日頃交通安全教育を受ける機会の少ない高齢者に対して、どのようにして教育機会をつくり出すかが大きな課題となる。ちなみに、茨城県では次の二つの施策が推進されている。

第一は「シルバー・ナイトスクール」の開催である。県下の各警察署管内の自動車教習所の協力を得て「自転車の安全な乗り方」講習会が開かれている。もちろん実技指導も行われる。また、高齢者が関わった地域内での事故地点、現場状況を再現し、原因の分析と対策の検討なども行われている。

従来の交通安全教育の方法は、映画視聴や講演形式のものが中心であり、一方通行的であったといえる。しかし、シルバー・ナイトスクールの場合、題材が具体的であり、受講者自らが参加・体験・実践する形式であるため、同じことを訴えるにしても、学習心理学的にみて高い教育効果が期待できる。こうした講習が県下の各警察署管内で一年に最低二回ほど行われている。

第二は、県下の市町村を通じて、高齢者に対して「老人クラブ」への加入を呼びかけている。交通安全教育は対象者数が膨大であるため、学校、職場などなんらかの組織を媒体として行われることが多い。高齢者の場合、老人クラブに加入してもらえれば、それを媒体に教育を展開していくことが可能になるというわけである。

こうした試みは、全国各地で広く展開されている。とくに夜間の交通事故防止に効果的とされる反射材用品の実験を体験し、効果についての理解を深め、反射材用品を利用してもらう施策が重視されている。

自動車運転の側面から

自動車運転中の事故死者の割合は、高齢者の交通事故死者全体に占める割合としてはまだ二〇％台前半であるが、一九九〇年代以降急増しており、高齢者の交通事故死者数を押し上げている。そして、今後さらに増えることが必至であるため、自動車運転の高齢者対策を主目的とした道路交通法改正が九七年に行われた。これによって七五歳以上の高齢者に対して、運転免許更新時に「高齢者講習」と呼ばれる特別な講習が義務づけられた。さらに二〇〇一年の同法改正により、翌〇二年六月からその受講対象は七〇歳以上の高齢者に拡大された。

最終段階までこぎつけるには紆余曲折を経たことが新聞等で報道されている（「読売新聞」一九九五年九月二十一日、「毎日新聞」「読売新聞」「日本経済新聞」一九九六年四月二十四日、「読売新聞」一九九七年一月二十日など）。審議の過程では、高齢者に対する免許制限に関する意見も出されたが、老化の個人差、高齢者の日常生活でのマイカーの不可欠性なども指摘され、排除の論理で臨むことは適切ではないと判断された。結局二〇〇一年改正法では運転適性診断の受診の義務化以外は、各高齢ドライバーの自主的な判断に委ねられることになり、法的な拘束力はあまりない。しかし、道路交通法は二〇〇七年に大改正が行われ、法的な拘束力が強められている。詳しくは四六〜四七ページを参照されたい。

二〇〇一年改正のポイントは次の三点である。

第一は、運転免許更新時における「運転適性検査」受診の義務づけである。適性検査の内容は「視力検査」と運転シミュレータを用いた「運転操作検査」の二種類である。さらに、視力検査は動体視力と夜間視力に分けられ、運転操作検査の方は、単純反応検査、選択反応検査、ハンドル操作検査、および注意配分・複数作業検査に分けられる（三品、一九九八）。

講習受講者は、前記適性検査を受診した直後に、検査結果についてテスト指導員から助言・指導を受ける。これは、今後の運転に関しての助言・指導であるという点が重要であり、仮に検査結果が芳しくなくとも、それによって免許更新が認められないということはない。今後運転を継続するかどうかの判断は、すべて講習受講者本人に委ねられている。

第二は、運転免許の自主返納制度である。これは、身体機能の衰えなどにより、免許効力期間中であっても運転を辞めたいと申し出た人の免許証を警察が引き取る制度である。年齢制限はないが、高齢者の事故防止というねらいがあることはいうまでもない。返納者に対しては、身分証明的な機能をもつ「運転経歴証明書」が発行されている。

しかし、わが国では、東京都二十三区内などを除けば、公共交通機関が十分に発達しているとはいえず、日常生活におけるマイカーの重要性はきわめて高い。とくに高齢者の場合、病院への通院、あるいは日々の買い物などにおいても自動車を使うことが多いため、返納率はきわめて低い水準にとどまっている。

第三は、シルバーマーク（紅葉マーク）の導入である。これは、七〇歳以上のドライバーに対して提示が求められるもので、これと類似したものに免許取得一年以内の初心ドライバーが提示している若葉マークがある。ただし、若葉マークは提示が義務であり、提示しない場合は科罰の対象となるが、紅葉マークの場合は任意とされ、あくまでも高齢者の自主的な判断に任されている。紅葉マークを提示することにより、道路上で付近を走行する自動車に対して自車の存在を知らしめ、配慮を求めるという効果が期待できる。

したがって、紅葉マークの自動車に対して、無理な割り込みをしたり、幅寄せをしたりすると五万円以下の罰金が科されることになっている。しかし、紅葉マークの提示は、交通弱者のレッテル張りであるかのような解釈をする高齢者も少なくなく、現在のところ、十分に浸透しているとはいえない状況である。

競争の原理から共存の原理へ

本書では副題に「交通社会から日本を変えていこう」と掲げており、交通社会に身をおく一人ひとりが、競争の原理から共存の原理へと価値観を転換していくことの重要性を筆者は強調したい。

交通安全の先進国であるドイツにおいて、若者に交通安全対策を尋ねると次のような答えが返ってくる。第一に「自動車を運転するときにはスピードを出さないこと」、第二に「安全装備の行き届いた車に乗ること」、そして第三に「他人を思いやる気持ちをもつこと」である。

仮に日本の若者に同様の質問をした場合、おそらく第一のスピードを出さないことは、すぐに頭に浮かぶことだろう。しかし、第二についての意識が高いかどうかは疑問である。わが国においても一九九〇年代後半から急速に安全車両への意識が高まってきているが、ドライバーすべてに十分に浸透しているとは言いがたく、車両選択の条件として安全車両へのプライオリティーはまだ高くはない。そして、第三となると、これをあげる若者はほとんどいないのではないだろうか？　わが国の現状では、こうした意識をもって交通社会に参画している人は非常に少ないといわざるをえないからである。

その原因について、筆者は、わが国産業社会の急ピッチな経済成長、およびそれにともなう先進国化が関与していると考える。わが国国民の行動原理は、依然として競争の原理に支配されており、ヨーロッパの成熟化した社会とはまだ一線を画しているように思える。そして、ドイツにおいて、深く共存の原理が定着している背景には、学校教育のカリキュラムの中に交通安全教育が導入されていることが関わっていると考えられる。冒頭で述べたように、超高齢時代の交通社会において意識変革を図る必要があるのは、高齢者ばかりではなく、高齢者をとりまく若年・中年の人たちも含まれる。青少年に対してもっとも効果的な交通安全教育は、発達段階に応じた教育であり、わが国においても学校教育のなかに本格的に導入する時期がきているように思う。

共存の原理を前提としたわが国における最近の取組みとして、道路交通法に新たに盛り込まれた「軽微な交通違反者に対するペナルティーとしてのボランティア活動」があげられる。従来の違反者講習は、一日がかりの講義によるものであったが、一九九八年以降は、児童の登下校時に横断歩道での立哨活動、雨天時に交通安全を呼びかけるチラシの配布、カーブミラーの清掃、道路脇の空き缶・吸い殻などのゴミ拾い、放置自転車の撤去などの活動を約三時間することにより、免停処分が免除されることになった。違反者講習にもこうした体験型が取り入れられることにより、自分勝手な行動を反省し、他人への配慮の気持ちが養われることを期待したい。

また、交通安全教育が十分な形で学校教育のなかに取り入れられていないわが国では、企業における社員教育のなかで、一部これが行われている。ほとんどの企業には安全運転管理者が置かれており、彼らは法定講習を受講し、企業内において従業員の安全教育に従事している。二十一世紀の企業の役割は、一企業として単に利益をあげることだけではなく、どれだけ社会貢献できるかが問われている。したがって、一般人と比べて交通安全に関する問題意識と知識をもつ企業の安全運転管理者には、地域社会における交通安全活動のオピニオンリーダーになることが強く求められる。こうした活動が、草の根運動的に展開されることにより、国民全体のなかに共存の意識がしっかりと芽生えるのではないかと考えられる。こうしたことも共存の意識が大前提になっているといえる。

今後は女性・高齢ドライバーが急増

二〇〇五年データによると、高齢者講習の対象となる七〇歳以上のドライバーは全国で五三九万人おり、内訳は男性四三八万人（八一・三％）、女性一〇一万人（一八・七％）となっている。また、七〇歳以上の運転免許保有率を性別に見ると、男性五九・三％、女性九・二％と現時点では圧倒的に男性・高齢ドライバーが多くなっている。

しかし、一〇年前(一九九五年)と比較してみると女性・高齢ドライバーが急増していることがわかる。九五年には、七〇歳以上の女性ドライバーはわずかに一八万人であり、七〇歳以上女性の免許保有率は二・四%にすぎなかった。一〇年の間に免許保有者は実に五・六倍に増加した。免許保有率も大幅上昇している。

現時点での年齢段階別・運転免許保有状況をもとに、今後二〇年間における七〇歳代前半の性別・運転免許保有者数および保有率を推定すると図1・5のようになる。二〇二〇年には、女性の免許保有者数は現在の五倍となり、二五年には現時点の男性の免許保有率とほぼ等しくなる。今後二〇年間に女性・高

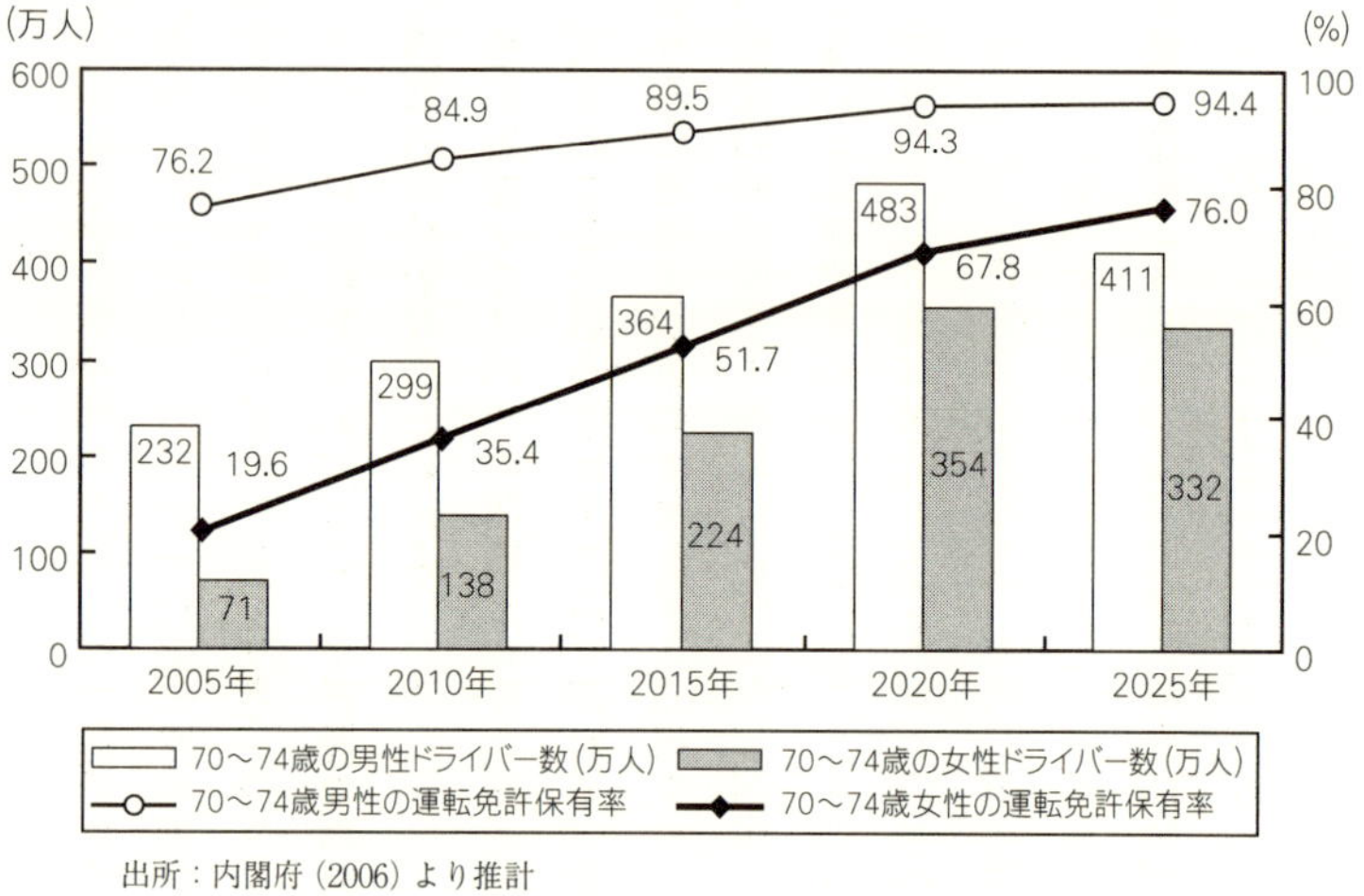

出所:内閣府(2006)より推計

図1.5 高齢・女性ドライバー急増の見通し

齢ドライバーが急増することがうかがえる。

七〇歳を超えて自動車を運転する人とは、一九八〇年代までは限られたごく一部の男性であったが、それが九〇年代後半には大半の男性に変わった。そして、二十一世紀の四半世紀が経過する頃には、男女を問わず普通の高齢者が車を運転する時代になることが確実である。「交通は社会の縮図である」ということを冒頭で述べたが、自動車を運転することが普通の高齢者の日常生活に組み込まれるということは、まさに画期的な社会変革といえよう。

現在では、高齢ドライバーの交通事故問題は、主に男性ドライバーの問題としてとらえられている。しかし、今後は女性ドライバーを含めた問題になるということである。これまで女性ドライバーの特性を分析した研究は少なく、これに高齢ドライバーの要因を加えた研究が、今後の大きな課題となるといえる。

すでに「女性運転者の事故防止対策こそ必要」と警鐘を鳴らす研究者がいる（長塚、二〇〇六）。長塚氏は過去一一年間に遡って新潟県警のデータを分析し、女性運転者の事故発生率は高齢運転者よりも分析期間平均で五・八％ほど高率であることを示し、さらに近年増加傾向であることを指摘している。地方都市においては男女の免許保有率は接近し、高齢期においては男女の平均余命の格差もあるため、今後女性・高齢ドライバーの問題は大きな問題になる可能性がある。

飽和状態を迎えたわが国のモータリゼーション

クルマ社会の発展により、国民生活はおおいに便利になり、豊かな社会がもたらされたことに異論はない。わが国のモータリゼーションは、欧米先進諸国よりも遅れ一九六〇年代の後半からとされるが、八〇年代以降は欧米に完全に追いつき、いまや全国民の一・六人に一人が自動車を保有する世界有数の自動車大国となっている。そして、わが国自動車メーカーの技術力は世界のトップ水準といわれている。

しかし、現在では、地球環境、エネルギーの枯渇、交通事故といった自動車文明の負の側面が顕在化し、二十一世紀はクルマ社会に対する根本的なブレイクスルーが迫られている。好きなときに好きな場所に出かけられるという「移動の自由」は、自動車交通のもつ最大の利便性であるが、皆が無秩序に車を使いすぎているため、交通混雑や地球環境問題を招き、最終的に人間社会全体の利益が損なわれてしまう危機に瀕しているのである。

こうした状況は、社会心理学における社会的ジレンマの理論で説明できる。その代表的なモデルのひとつに「共有地の悲劇」がある。何人かの酪農家が共有する牧草地で、各人が自分の利益だけを求めて牛を増やし、牧草をどんどん食べさせると、最後には牧草地が枯れ果ててすべての牛が死んでしまう。皆の牛が生き残るためには、各人が自分だけの利益に走らず協力すればよいことは理屈のうえではわかるが、競争的選択（この場合、牛を増やす）を採用してしまう人が多いとされる。そのため、必然的に破滅（牧草の枯渇）につながっていく。とくに、資源の量が少なく、成員間のコミュニケーションが十分でないときほど競争的選択が採用され、破滅に近づくとされる。

現代の自動車文明が直面しているこの問題は、まさに巨大な社会的ジレンマであるといえる。人々が競争の原理ではなく、共存の原理（ギブウェイの心）に基づいて行動することが強く求められる。

二十一世紀においては、モータリゼーションの波は欧米と日本だけでなく、急速な経済成長をとげている中国、インドなどのアジア諸国にも波及しはじめている。中国とインドは、広大な国土と巨大な人口をかかえているため、この両国が二十世紀後半に日本がたどった道をそのまま歩んだ場合、非常に深刻な問題に直面することは、おそらく避けられないだろう。

この問題を解決するためには、従来の自動車の利用法とは異なる発想による、もう一つの自動車社会を構築する必要があると北村（二〇〇六）は主張する。北村氏によれば、自動車交通には、高密度、大量輸送には適さないという致命的な欠陥があり、たとえばアメリカ・ロサンゼルスでは、多くの市民が、道路混雑を避けるために毎朝三時に起きて、四時に家を出て通勤する生活を続けているという。すなわち、大都市の交通需要を自動車だけで満たそうとした発想にそもそも無理があり、われわれはそれに気がつくのに時間がかかりすぎたと指摘する。そして、われわれは高密度な大都市機能を生かしたまま、自動車の混雑問題を解決しようといろいろと努力しているが、抜本的な発想の転換がないかぎり、本質的な問題解決は不可能であるとしている。

そこで、どのような発想の転換を図るかであるが、北村氏は「都市と自動車を分離せよ」と提言する。すなわち、都心に向かって移動するときは公共交通機関を利用し、郊外へ向かって移動するときのみ自動車を利用することを提唱している。そして、都市内では移動困難者、緊急時輸送、物流などの用途に絞って自動車を利用するが、それ以外の場合には原則的に自動車を使わなくても生活できる方向に都市環境整備を図るべきであるとする。このような前提に立てば、都市部に住む高齢ドライバーの人たちは、運転継続のためにあまり無理をせず、多少不便になっても公共交通機関を利用し、安全確保に努めることが重要であるといえよう。

これに対して、公共交通機関が整備されていない地方の小都市や郡部では、自動車の利便性を最大限に生かすべきであるとしている。しかし、心身機能が低下し、運転に支障をきたしている高齢ドライバーの場合、どのような対応が適当なのだろうか？　とくに認知症を患っている高齢者の移動手段が深刻な問題である。これについては、第2章で検討したい。

第2章　認知症ドライバーの行政措置をめぐって

高速道路での逆走事故

「七〇歳が東名逆走し衝突、本人死亡・三人重軽傷」という痛ましい交通事故が起こった。事故概要は次の通りである（「読売新聞」二〇〇五年十月二十四日）。

午後九時ごろ、静岡県内の東名高速道路上り線のインターチェンジ（ＩＣ）付近で、同県内に住む無職男性（七〇）の乗用車がＵターンして追い越し車線を逆走状態になり、直進してきたワゴン車と衝突した。運転していた男性は出血性ショックでまもなく死亡し、後部座席に乗っていた妻（七〇）も頭を強く打って重傷。ワゴン車の同乗者二人も軽傷を負った。静岡県警高速隊の調べによると、男性は下りるつもりだった同ＩＣ出口を通り過ぎてしまい慌てて戻ろうとし、道路左側のＩＣ入り口から本線への合流車線に車を寄せた後Ｕターンして逆走、再び向きを戻そうとしたときに走行車線で衝突した。

この事故の分析ポイントは二つあると思われる。

一つ目は、運転をしていた七〇歳の男性が高速道路の出口を通り過ぎてしまった（見落としてしまった）点である。これには高齢ドライバーであることによる夜間視力の低下が深く関わっている。加えて視野も狭まっており、出口の案内標識を見落としたといえる。もちろん個人差はあるが、七〇歳以上の人の夜間視力（六〇秒視力*）はおよそ〇・二～〇・三であり、二〇歳代の〇・八、五〇歳代の〇・五を大きく下回っている。国際交通安全学会の判定基準（一九八五年）によれば、ドライバーに求められる夜間視力の最低基準は〇・四とされ、普通および良好の基準としては〇・六以上である。平均的な七〇歳の場合、最低基準を明らかに下回っており、午後九時頃の運転には根本的な無理があったといえる（視力については、八七～八九ページを参照されたい）。

＊六〇秒視力：一定の明順応後に薄暮照明の七〇センチ用視力表を見せ、そのときの六〇秒後の視力をいう。

また視力には静止視力と動体視力（動く対象に対する視力）があり、運転においては動体視力の方がより重要になる。一般に動体視力は静止視力の六〇％程度とされるが、老眼の症状が表れる四五歳を過ぎると両視力間の格差が大きくなり、七〇歳以上の動体視力は静止視力の二〇％以下まで下がる。このケースではさらに夜間時という悪条件が加わっており、この状況下でのこのドライバーの動体視力がきわめて低かったことは明らかである。それゆえに夜間時の高速道路運転はぜひとも控えてほしかったといえる。

二つ目は、高速道路のIC出口を通過した直後にそれに気づきUターン（いわゆる逆走）を試みた点である。過去に高速道路の逆走事故は若いドライバーでも稀に起きている。二〇〇三年には二四歳男性ドライバーによる東名逆走による死亡事故が起こったが、精神鑑定の結果、男性は当時妄想に支配され、善悪を判断する能力がない心神喪失の状態であったという。今回の場合は高齢ドライバーであり、夜間の高速道路のIC付近で、自分の車をUターンさせようとしている重大な事実を客観的に認識できていないとすれば、「認知症」の可能性を疑わざるをえない。認知症ドライバーの特徴として、一般に次のようなことが指摘されている。

- どこへ行こうとしているのかがわからない
- 事故を起こしたことを忘れてしまう
- センターラインを超えて蛇行運転する
- 交通標識や信号などの交通規則を守る気がなくなる
- 一定の車間距離をとる気がなくなる
- 車庫入れができなくなる

車の中は外界と遮断された閉じられた空間であるため、その場の判断が独善的、自己中心的になり、ドライバーは自分の都合のよいように交通状況を解釈しがちである。しかし、高速道路を逆走するという行動は、明らかに一線を越えた特異的行動であり、いちじるしく判断能力が欠落しているといえる。

認知症とは何か

老化現象により誰にでもおこる「もの忘れ」とは異なり、脳や身体の疾患を原因として通常の老化よりも早く神経細胞が消失してしまう脳の病気が、いわゆる認知症である。これによって記憶・判断などの障害が生じ、日常生活を営むことがいちじるしく困難になる場合が多い。

当初は加齢によるもの忘れとの区別がつきにくいが、大きな違いとして認知症によるもの忘れは、進行する病気であること、もの忘れ以外に時間や判断が不確かになること、物盗られ妄想などの精神症状をともなうこと、本人はしばしば自覚していないことなどがあげられている（本間監修・認知症を知るホームページ）。

認知症の多くは、「アルツハイマー病」と「脳血管障害による認知症」とされる。なかには、脳腫瘍やビタミン不足などによる身体の病気でおこることもあり、前述の本間氏によれば、原因となる病気を適切に治療すれば認知症の症状が消えたり、軽くなったりするものが全体の約一割を占めるという。そのため、早期発見が重要になり、患者の周りの人たちは認知症の前兆に速やかに気づくことが大切である。

ちなみに、家族が認知症に気づいた変化の発生頻度は次の通りである（東京都福祉局、一九九六）。

(1) 同じことを何度も言ったり聞いたりする （四五・七％）
(2) ものの名前が出てこなくなる （三四・三％）
(3) 置き忘れやしまい忘れが目立った （二八・六％）
(4) 時間や場所の感覚が不たしかになった （二二・九％）
(5) 病院からもらった薬の管理ができない （一四・三％）
(6) 以前はあった関心や興味が失われた （一四・三％）
（その他、ガス栓の締め忘れ、計算の間違いが多い、怒りっぽくなったなど）

認知症の原因としてもっとも多いとされるアルツハイマー病とは、原因不明の脳の変化により、知能低下や人格の崩壊がおこる病気である。ゆっくりと発症し徐々に進行するが、初期段階では運動麻痺や感覚障害などの症状は見られず、本人には病気だという自覚がないことが特徴である。とくに初期においては古い記憶は比較的保たれているが、新しい出来事が覚えにくく、忘れやすいとされる。病気の進行につれて、次第にもの忘れのために日常生活に支障をきたすようになり、時間、場所、人物の判断がつかなくなっていく。

一方、脳血管障害による認知症とは、脳の血管が詰まったり破れたりすることによって、その部分の脳の働きが悪くなり、それによって、もの忘れ、頭痛、めまい、耳鳴り、しびれ等の症状がみられる病気をいう。この原因としては、脳梗塞の多発によるものが大部分（七〇～八〇％）を占めているため、障害の場所によって、各機能がまだら状に低下し、記憶障害がひどくても人格や判断力は保たれている場合もある。そのため、脳卒中の発作がおこるたびに段階的に悪化することが多い。

認知症の高齢者は年々増加し、二〇〇五年は約一八九万人、二〇年後には約三〇〇万人に達すると予測されている。八五歳以上の人の四人に一人が認知症といわれている。

三〇万人認知症ドライバーに対する行政の対応

二〇〇五年末時点でわが国における六五歳以上の運転免許保有者は約九七七万人に達しており、一〇年前（一九九五年）の四七九万人と比べると倍増している。また六五歳以上人口の約七％と推定される認知症高齢者は、すでに一八〇万人を超えている。これらをふまえて警察庁では、運転免許を保有する認知症高齢者は現時点で約三〇万人に達すると推定している。今後六五歳以上の認知症高齢者ならびに運転免許保有者は増え続けるため、運転免許行政上の対応が緊急課題となっている。

道路交通法ならびに同法施行規則には、運転免許を付与する条件として、心身健康に関する医学的側面についての規定が明示されている。すなわち、幻覚の症状をともなう精神病、発作により意識障害または運動障害をもたらす病気、自動車等の安全な運転に支障を及ぼすおそれがある病気にかかっている場合、免許の拒否または六か月を超えない範囲内で免許が保留される。二〇〇二年の改正により、このなかに認知症患者も盛り込まれた。これによって認知症に罹患するドライバーについても法的に免許取消しが可能になった。とくにアルツハイマー型認知症、脳血管性認知症の場合、その診断がなされた時点で免許が取り消されることになった。しかし、病識の乏しい認知症罹患者には効果が乏しく、免許返納等の手続きが自己申告制であることも重なり、現時点では認知症による行政処分はきわめて低い水準に留まっている。ちなみに改正法施行後の四年間において、認知症が理由で免許取消し、停止処分がなされたのはわずかに一九二件にすぎない。

三〇万人ともいわれる認知症ドライバー数に比べてあまりにも少ない免許取消し件数を重く見た警察庁は、高齢ドライバーの認知機能を簡易に判定できる検査制度導入を検討するための専門委員会(東京都老人総合研究所・本間昭委員長)を二〇〇六年二月に設置した。同委員会には認知機能を簡易に測定できる検査方法の開発のほか、判定の基準づくりなどが求められた(「毎日新聞」二〇〇六年二月三日)。

同委員会では、二〇分間のペーパーテスト式で、年月日や時間を被験者に答えさせたり、イラストを見せて一定時間経過した後に再び尋ね、記憶力を問うなどの内容の認知機能検査を試案した。この検査は二〇〇六年六月から七月にかけ、運転免許更新のための高齢者講習の現場において、約四〇〇〇人の高齢者を対象に実施された。その結果、認知症の疑いがもたれた人は全体の二・五％、認知機能低下の疑いがもたれた人は二三・七％であった。すなわち、約二六％の高齢ドライバーに認知機能低下の疑いがみられるという衝撃的な結果が報告された（「朝日新聞」二〇〇六年十月十二日）。

これを受けて、認知症ドライバーに対する運転免許制度の見直しが進められることになり、警察庁では二〇〇七年の道交法改正に向けて法案作成準備に入った。改正法の主な内容は次の通りである（警察庁、二〇〇七）。

(1) 七五歳以上の高齢運転者には、運転免許更新時の高齢者講習において記憶力、判断力等の認知機能に関する検査が義務づけられる。検査の結果、認知症のおそれがあると判断された場合には、過去の事故歴などを勘案したうえで専門医への受診が義務化され、その結果認知症であることが判明した場合には、免許の取消し等の処分がなされる。

【コメント】

検査の対象年齢については、七五歳以上の高齢運転者による死亡事故件数が免許保有者あたりで七四歳以下の二・七倍と高く、認知症有病率も七五歳以上から急激に高くなることから、七五歳以上が適当と判断された。しかし、七五歳未満であっても都道府県警察の運転適性相談の窓口において、自主的にこの検査を受けることができる。

(2) 七五歳以上の高齢運転者には、シルバーマーク（高齢運転者標識）の表示が義務づけられる。

【コメント】

現行法では、七〇歳以上の運転者について、シルバーマークの表示が努力義務化されているが、その表示率は七五歳以上で三五％程度と低い状況に留まっている。シルバーマークの表示義務化は、高齢運転者自身への安全啓蒙の効果が望めるとともに、周囲の車両の運転者に対しても幅寄せや割り込みを禁止する効果が期待できる。

わが国よりもモータリゼーションの普及が早かった欧米諸国では、すでに一歩進んだ行政サイドの対応がなされている。

アメリカでは、多くの州において医師や家族が運転にとって不適格と考えられる者を州自動車局に対して通報することを推奨もしくは許可している。とくにカリフォルニア州ではアルツハイマー病とその関連疾患患者を診察した医師には州自動車局への通報義務が課されており、仮に医師が通報を怠り患者が交通事故を起こした場合には、医師の医療過誤責任が問われる。アメリカ医学会のマニュアルには、こうした問題に対する医師の倫理的対応が詳しく述べられている（吉村ら、二〇〇五）。

イギリスでも運転に影響するような病的な健康状態が表れた場合には、免許保有者本人、介護者、掛りつけ医などが監督官庁へ通報する義務が課されている。運転免許は七〇歳時点で更新し、その後は三年ごとに更新しなければならない。実際の臨床現場では、中程度以上の痴呆の場合には運転中止措置、機能低下と関連する軽度痴呆の場合には専門家の評価を受けての対応、機能低下のない軽度痴呆の場合には経過観察が行われている（Brayne & 池田、二〇〇五）。

認知症ドライバーの運転適性

認知症患者が運転を行うと危険であることは常識的には理解できるが、すでに述べたように認知症は進行性の病気であるため、進行程度による差異がまず問題になる。さらに認知症の発症原因も複数あるため、すべて一律に取り扱うことに対する問題もある。わが国においては、認知症患者の運転について医療関係者がこれまで十分な関心を払っていたとは言いがたく、医学・疫学的見地からの研究資料は少ない。二〇〇二年に道路交通法が改正され、認知症ドライバーに対して前述のような対応がなされるようになったことも関係者の間で十分には周知されていないという（吉村ら、二〇〇五）。本節では、アメリカにおける研究とわが国の高知大学・愛媛大学の研究をいくつか紹介したい。

アメリカにおける研究

フリードランドら（Friedland et al., 1988）の研究では、アルツハイマー病患者の事故率は明らかに高いとされた。彼らは三〇名のアルツハイマー病患者と二〇名の健常高齢者を比較し、前者の事故率は後者の四・七倍になることを示した。また、事故率と認知症の程度、および罹患期間との間には相関がみられないとし、アルツハイマー病と診断された場合には即座に運転を断念することを推奨した。

一方、ドラッチマンら（Drachmann et al., 1993）の研究では、アルツハイマー病が進行性の疾患であることに注目し、発病の初期段階では安全に運転できる場合があるとした。彼らは、発症から二～三年のアルツハイマー病患者の事故率は健常高齢者と差がみられず、むしろ一六～二四歳の若年男性の事故率の方が高いことを示した。これを受けて認知症という診断だけで運転を制限するのではなく、運転能力そのものを測定したうえでの検討が必要であると主張した。

また、ハントら（Hunt et al., 1997）の研究によれば、認知症のレベルが進行するほど運転能力が低下している。彼らは、臨床的認知症尺度（Clinical Dementia Rating; CDR）が0（健康）、0.5（認知症疑い）、1（軽度認知症）と評定された被験者群の運転能力をワシントン大学版テストで検討した結果、安全でないと判定された割合は CDR: 0 で三％、CDR: 0.5 で一九％、CDR: 1 で四一％であるとした。

こうした研究結果をもとにアメリカ神経学会は二〇〇〇年にガイドラインを公示した。それによるとCDR: 1以上と診断されたドライバーはただちに運転を中断すべきであるが、CDR: 0.5のドライバーについては、六か月ごとに検査を受け経過観察を行うべきであるとしている（Dubinsky et al., 2000）。

高知大学・愛媛大学の研究

四国の二大学の研究者たちは一九九五年以降、認知症患者の運転能力と認知機能との関連性、自動車運転に関する精神医学的な管理上の問題について研究を行っている（上村ら、二〇〇六／「高知新聞」二〇〇六年三月三日、十日、十七日、二十四日）。概略は次の⑴〜⑸に整理できる。

⑴ 認知症の進行程度と運転断念に関する医師の助言受入れについて三二人の被験者をもとに検討した（CDR: 0.5は一〇名、CDR: 1は一四名、CDR: 2は八名）。主治医が運転断念を勧告した場合、認知症の進行が中程度以上である場合には、それが受け入れられやすいが、軽度レベルでは患者本人や家族が運転断念勧告に反対し、医師の助言はなかなか受け入れられない。運転継続を可能とする回答割合は、中程度認知症であるCDR: 2では患者本人四四％、家族一一％、医師〇％であるが、軽度認知症であるCDR: 1では患者本人八八％、家族五〇％、医師三八％となっている。

⑵ 認知症と診断された二〇人の患者が、高齢者講習での病状申請書の質問にどのように回答するかを追跡調査した（CDR: 0.5は三名、CDR: 1は一〇名、CDR: 2は七名）。その結果、「病気

を理由として、医師から免許の取得または運転を控えるよう助言を受けている」という質問に対して一五名が「受けていない」と回答した。また病気が原因である障害や、これまでの免許の申請・更新時に申告していない障害があるかどうかを問う質問に対しては一二人がいずれの問題にも該当しないと答えた。病状申請書とは運転継続に危険のある人をスクリーニング（ふるい分け）し、危険のある人には臨時適性検査を受けてもらうために導入されたものである。しかし、認知症患者は自分自身の病状を反映させることが困難であり、現行の自己申告による病状申請書があまり機能していないと上村氏らは主張する。

(3) 一九九五年から二〇〇五年にかけて高知大学医学部付属病院で受診し認知症と診断された免許保有者八三名の事故経験と事故内容を認知症原因別に分析した（CDR: 0.5は一八名、CDR: 1は四九名、CDR: 2は一六名）。

認知症全体の五％程度とされる前頭側頭葉変性症の患者の場合、六四％が事故経験者であった。感情を抑制する前頭葉や認知をつかさどる側頭葉の機能が低下するため、信号や道路標識の意味を理解できず、信号を無視したり、横断者がいるにもかかわらず無理な右折を行い人身事故を起こし、現場から逃げた事例がみられた。

アルツハイマー病では三九％が事故経験者であった。空間認知、距離感覚、記憶などに障害が表れるため、駐車時に他人の車にぶつける、運転免許を返上したことを忘れて運転してしまい事故を起こすなどの事例がみられた。一般にアルツハイマー病の場合、初期症状として記憶障害が表れ、それによって運転中に道に迷うようなことが起こる。さらに症状が進行すると空間認知障害が表れ、車庫入れができなくなる、細い道でセンターラインを超えて蛇行運転するなどの危険運転行動が生じると分析された。

(4) 認知症の進行程度と運転シミュレータ検査の成績との関係を検討した。被験者は上記(1)で記した三二名である。CDR別に運転シミュレータ検査の成績を比較すると統計的な有意差は見いだせなかった。さらに認知症患者と同年代の健常者とで比較してみても二群を明確に区別できなかった。現行の運転シミュレータ検査では危険な運転行動をとる認知症患者を判別することが困難であり、弁別力の高い検査機器の早急な開発が要望された。

(5) わが国において認知症患者の運転問題は、医学的にはこれまであまり注目されなかった。しかし、二〇〇二年の改正道路交通法施行後は、臨床医がなんらかのかたちでこの問題に関わることになり、警察や交通安全専門家との連携・協力を図り問題解決に取り組むことの重要性が指摘された。とくに運転免許断念の勧告を行った後、患者本人や家族を支援し、指導していくガイドラインづくりが不可欠であると上村氏らは主張した。

運転適性概念の変化

高齢者講習の目的変化

認知症ドライバーに対する運転免許取消しの法制化は、これまでの運転適性の考え方を根本

出所：茨城県水戸市内の会場で筆者撮影（2006 年 9 月）

写真 2.1　高齢者講習の光景(1)

出所：写真 2.1 に同じ

写真 2.2　高齢者講習の光景(2)

的に見直す大転換といえる。これまでは一度取得した運転免許が取り消される場合とは、重大事故を起こした場合とか悪質な交通違反を犯した場合を除いては通常あり得なかった。免許更新時講習の目的はあくまでも安全運転講習であり、免許試験のような合格者と不合格者を選別するような性質のものではなかった。

しかし、今後は高齢者講習のなかに盛り込まれる認知機能検査が実質的なスクリーニングの役割を果たし、検査結果が芳しくなかった場合には専門医の受診を義務づけられ、運転免許が取り消されることになった。今後は高齢ドライバーにとって高齢者講習は免許試験と似たような位置づけになりそうである。認知症ドライバーは全国で三〇万人を超えるといわれるため、毎年大量の不合格者が出ることは避けられそうもない。したがって、高齢者講習は「教育目的から選抜目的へ」と講習目的を変更させ、運転適性のとらえ方に関して根本的な大転換を図ることになる。講習目的の大転換は、心理適性の立場からすれば看過できず、免許を取り消された人に対するきめ細かな対応が強く求められる。

運転適性における心理適性と医学適性

運転適性には心理適性と医学適性といった二つの側面がある（所、一九九七）。

まず心理適性とは、教育指導を受けることにより良い方向へと変容可能な適性であり、運転適性においてはとりわけ重視されてきた側面である。老若男女が日常生活や仕事の手段として広く車を運転する現代では、運転免許は誰でも取れる資格と言っても過言ではない。そのため、安全運転教育の内容を充実させ、講習を通してそれらをドライバーに伝授することが、事故防止に対してもっとも効果的であるとこれまで考えられてきた。もちろん今後ともこの側面が重要な位置づけを占めることには変わりない。しかし、認知症ドライバーの大量出現により心理適性の側面だけではなく、もう一つの側面である医学適性の重要性が大きくクローズアップされてきたのである。

医学適性とは、適性以前の適格性と考えられる部分であるため、適性概念として理解されることはこれまで少なかったといえる。道路交通法ならびに同法施行規則には、運転免許を付与する条件として、心身健康に関する医学的側面、視力をはじめとした感覚・動作の基本的機能についての規定が明示されている。この規定がいわゆる医学適性に相当すると考えられる。

二〇〇一年以前は運転免許の絶対的欠格条項として、精神病者、知的障害者、てんかん患者、目が見えない者、耳が聞こえない者、または口がきけない者、政令で定める身体に障害のある者には免許を与えないと規定されていた。その後絶対的欠格条項は廃止されたが、同法施行規則第二三条には適性試験の基準が規定されており、この規定が免許付与に対する心身機能の面での制約条件となっている。たとえば、普通免許取得の場合、矯正視力が両眼で〇・七以上、赤、青、黄が識別できること、大型免許と二種免許の場合には、奥行知覚検査により、二・五メートルの距離で深視力の三回平均誤差が二センチ以下であることなどが明記されている。

前記規定のなかには眼鏡等の補助器具を用いることにより最低基準を充たすことが可能な項目も含まれるが、大部分が本人の努力や医師の治療によって機能獲得（あるいは機能回復）できるものではない。自動車運転における医学適性とは、こうした性質のものであることをあらためて確認しておきたい。

医学適性に抵触する認知症ドライバー

二〇〇二年の改正により、医学適性の要件のなかに認知症患者も盛り込まれた。とくに治癒が見込めないとされるアルツハイマー病、脳血管性認知症の場合、病状進行の程度を問わずその診断がなされた時点で免許が取り消されることになった。この時点での実務的な取扱いとしては、認知症と診断されたドライバーが、運転免許の取消しまたは停止の申請を行わないだけでは処罰対象にはならなかったが、万が一事故を引き起こした場合には、申請していなかったことが、すでに問われていた。たとえば自動車保険の取扱いにおいて、大手損害保険会社の説明によると、このケースは保険加入者側に免許資格上の道路交通法違反があるため、被害者救済にあたる対人・対物関係の保険金は支払われるが、自損部分（自分・同乗者・自車）についての補償は得られないとのことである。二〇〇七年の法改正により、今後はこうしたことが一段と強化されることになる。

国民皆免許の状況で、しかも超高齢時代である現代では、三〇万人の認知症ドライバーが存在することは必然的な結果であり、来るべきときがついに来たというのが実感である。モータリゼーションが普及し始めた一九七〇年代においては、高齢者の運転免許保有率はきわめて低く、こうした問題はまったくの想定外であった。その後八〇年代、九〇年代と高齢者の運転免許保有者は増え続けたが、彼らは同年代の平均的な人と比べて心身健康状態が優れており、医学適性に抵触するようなことはまだ考えられなかった。加齢にともない視力や反応時間などの感覚的能力が低下し、これが運転に好ましくない影響を及ぼすと考えられるため、そのことを免許更新時講習で認識してもらおうという趣旨で一九九八年に設置されたのが、いわゆる高齢者講習であった。このように当初の高齢者講習の目的は、あくまでも心理適性を高めることであり、医学適性に関して新たな基準を設けて運転断念勧告につなげることまでは想定していなかったといえる。

しかし、二十一世紀に入った現代は、ごく普通の高齢者が運転免許を保有する時代であり、今後団塊世代が高齢ドライバーの仲間入りをするようになると、その傾向は一気に加速する。認知症ドライバーが今後ますます増えていくことは避けられない。第1章のなかで述べたように、現在ではまだ少ない女性の高齢ドライバーも、免許人口のなかでこれからは大きな人口ブロックとなることは間違いない。すなわち、社会全体で起こっている問題が、これからは交通社会においてそのまま起こるようになる。「交通は社会の縮図である」ということが強く実感される。

医学適性の妥当性

二〇〇二年改正の道路交通法の運用基準によれば、アルツハイマー病と脳血管性認知症は、疾患名のみで一律免許取消しになっている点について精神科医らが疑問を呈している（吉村ら、二〇〇五）。理由として、次の点をあげている。

① この二つの疾患以外にも回復が望めない認知症疾患が存在すること

② この二つの疾患と鑑別が難しい認知症様状態が存在し、それには医師の診断能力が関与するため、場合によっては正しい診断ができない可能性があること

③ 免許取消しを診断名のみで定義し、認知障害の内容や程度、患者のおかれた状況が考慮されていないこと

とくに③については、軽度認知症の場合、専門医も運転継続可能と診断している場合があるため、これに該当する人たちは当然ながら反発している。患者に運転断念を勧告するからには、本人が納得できる客観的根拠を提示するべきであるが、現時点では必ずしも十分であるとはいえないようである。認知症の専門医は「事故を起こす以前に、あなたは危険なので運転をやめるべきだと説得しても、患者本人はなかなか受け入れず、結局事故を起こすまで運転を断念しない人が多い」と指摘している。これは適性検査をはじめとした検査全般におけるいわゆ

る基準関連妥当性（予測的妥当性）に対する不信感のあらわれと理解できる。これを受けて専門医は「医者は認知症の診断はできるが、運転能力の診断はできない。病気が進行していく過程のどの段階で運転断念勧告をするかがたいへん難しい。ぜひとも交通専門家と連携していく必要がある」と提言している（日本放送協会、二〇〇六）。

皆が納得できる説得力のある認知機能検査を開発することはもちろん重要であるが、認知症ドライバーをとりまく関係者（家族、専門医、交通警察、交通心理士など）が緊密に連携することにより、経過観察を行い総合的な判断を下して、本人をケアしていくことがより重要であると考えられる。

判別機能をもつ主な適性検査

ビネーの就学適性検査

本格的な適性検査の元祖は、フランスの心理学者ビネー（Binet, 1909）であるといわれる。ビネーはパリの教育委員会から「義務教育課程をどんなに努力しても卒業できない子どもがいる。それが入学齢である六歳のときにわからないだろうか。わかるのならば、それなりの教育の仕方もあるのだが……」と頼まれてつくったという。これは、厳密にいえば適性検査というよりもビネー式個人知能検査の発祥である。しかし、人間生活の現実の目的に対してテストが実施され、その結果に基づいて一定の基準が設けられ、受検者がグループ分けされたという点では適性検査の元祖ということができる。こうして適性の意味するところは将来に対する予見性と考えられるようになった（所、一九九二）。

ビネー式の検査は、普通クラスで学習する児童といわゆる特別支援クラスで学習する児童とを選別する検査のように見えるが、けっして排除の論理に基づく検査ではない。児童の将来を考えて普通クラスで学ぶことと特別支援クラスで学ぶことのどちらが効果的かを見極めるために作成された検査なのである。すなわち、検査結果のいかんにかかわらず、必ず教育の機会が与えられている点に注目しなければならない。

ビネーのテスト作成の理念は、学習者の個人差（適性）に応じた教授法（処遇）を配慮することを主張したクロンバック（Cronbach, 1967）の適性処遇交互作用（Aptitude Treatment Interaction: ATI）理論につながり、わが国においても「適性を個人的属性とは考えず、教育の内容・方法との関連を重視する。すなわち、被教育者の適性によって効果的な指導法は異なる」と主張した長塚（一九九〇）の研究に結びついているといえる。

航空パイロット適性検査

運転操縦に関わる業務において、もっとも厳しい資格要件を課されるのが航空パイロットである。航空パイロットになるためには、一定の年齢および飛行経歴を充足し、航空機の種類別に行われる国家試験に合格しなければならない。ちなみに航空パイロットの最上位ライセンスである定期運送用操縦士（定期航空会社の定期便の機長になるために必要なライセンス）を取得するには、二一歳以上で総飛行時間一五〇〇時間以上が条件になっている。国家試験は学科試験と実地試験とからなり、学科試験に合格しなければ実地試験は受けられない。実地試験は航空局の試験官が航空機に受験者と同乗して実際に飛行し、受験者の技量が評価される。こういった免許取得手続きに関しては、難易度の差はあるものの自動車運転免許と変わらない。

しかし、大きな相違点は航空パイロットの場合、健康保持が厳しく求められ、定期運送用操縦士の場合は、六か月に一回、その他の操縦士の場合は一年に一回、指定航空身体検査医による身体検査を受けて合格し、航空身体検査証明の交付を受けなければならない（航空法第三一条で規定）。身体検査は、呼吸器系・循環器系・血液および造血臓器・運動器系・精神および神経系・眼・聴力など一四の検査項目から構成されている。これがいわゆる医学適性に相当するものであり、一度取得してしまえば安全運転講習のみで免許が更新される自動車運転免許と大きく異なる点である（黒田、一九七七／航空医学研究センター・ホームページ）。

高齢者に対する免許取扱いについては、定期運送操縦士の場合、六〇歳定年制がしかれている。これは自動車の場合と同様である。そして六〇歳以降は一年更新で六五歳まで乗務可能となっている。さらに乗務期間中は、もちろん六か月に一回の身体検査が課される。一方、自家用操縦士については免許更新の際の年齢制限はとくに設けられていない。しかし、こちらも一年ごとの身体検査が課されるため、高齢者にとって厳しい条件となっている。

排除の論理ではなく選択の論理

ビネーの就学適性検査は、学習するクラスが普通クラスと特別支援クラスとの選択のための道具であったと考えればわかりやすい。高度な知識、技能が求められる航空パイロット適性については、大部分の人が免許を保有しない人生を選択しているため、仮に高齢期に身体検査で不合格になっても、現実を受け入れることは容易《たやす》いといえる。

適性検査のとらえ方として、排除の論理に基づいて合格者と不合格者とを選別するための道具ととらえるのではなく、二つの道の分岐点において今後どちらの道へ進むかの選択のために有効な道具であるとぜひとらえてほしいものである。

このまま運転を継続する道を仮にAコースとすれば、運転を断念して新たな人生を前向きに生きる道がBコースであり、あなたの場合はBコースを選択した方がよいというカウンセリングが必要である。

冒頭で述べたように、この問題は最終的には高齢者の人生選択の問題に結びつくと筆者は考える。文明社会において一度手に入れた便利なものを手放す勇気をもてる人は少ない。しかし、便利なものを捨て去る勇気をもつことが真の未来志向であることを、認知症を罹患したドライバーにはぜひともご理解いただきたい。現在は「痴呆になってはいけない、痴呆は敗者」という価値観が社会を支配している。それゆえ認知症を宣告された患者は、ガンを告知されたような思いになり、現実を認めたくなく、苦しみながらさまざまな抵抗を試みるわけである。「年をとれば人間誰しもぼけるもの」と現実をありのままに受けとめられるようになれば認知症患者も安心できる。車の運転をやめた後の前向きな人生設計を描けるようになれば、「危ないから運転はやめよう」といわれたとき、それを素直に受け入れられるのではないかと思う。

運転免許を手放す認知症ドライバーに対して、こうしたカウンセリングを行い、ソーシャルサポートを与える役割を果たすのが、次節で述べる交通心理士であると筆者は考える。

交通心理士の役割

一般的な心理的ケアシステムについて

運転免許は高齢者にとって自立の象徴であり、車の運転ができるということが家族のなかでの自分の存在意義に関わる場合も少なくない。したがって、認知症罹患を理由に一方的に免許が取り消されることは、高齢者にとって大きなストレスが発生することになり、生きる権利が剥奪されることにもなりかねない。それゆえに不本意ながら免許を取り消された高齢者に対しては、十分なアフターケアが必要になる。

こうしたケアシステムは、患者からストレス反応を除去し、通常の社会生活への復帰を目的とするため、再適応プログラムとも呼ばれる。一般的には、専門医、臨床心理士らによる的確な診断と治療が必要になり、近年、家庭、学校、職場などの各生活領域において、こうしたケアシステムへの関心が高まってきている。

ケアシステムにおいて重要なことは、リエゾン（liaison）機能であるといわれる。ストレス反応を発症した人が、社会生活へ復帰する過程においては、その人をとりまく家族、地域社会（各種施設など）、専門医、臨床心理士らが緊密に連携し、ケアしていくことが重要である。こうしたシステムをフランス語の liaison（連音）という言葉で、象徴的に表現しているわけである。

一九九〇年代前半から続く長期不況と構造改革の進行により、倒産やリストラが増大し、それにともなう中高年齢者の失業ストレス、さらには自殺者数が増加していることが大きな社会問題になっている。アメリカでは失業者へのカウンセリングは、すでに十分確立されているが、わが国では失業者を総合的にサポートする体制が必ずしも十分とはいえない。現在政府内では、雇用のセーフティネット対策として、失業者の能力開発を目的としたキャリア・カウンセリングを行うことが検討されている。しかし、失業者のメンタル面への配慮までは及んでいない（所、二〇〇二）。

交通心理士への期待

前項で紹介した失業者は、運転免許を失った認知症患者にそのまま置き換えることができる。そして、リエゾン機能において中核的役割を果たすのが「交通心理士」であるといえる。

認知症ドライバーを介護する家族のストレスがかなりのものであることを示す研究データがある。在宅認知症患者の介護破綻要因の調査によれば、認知症患者の車の運転に関する事項は介護破綻の重要な要因となりうるとされ、運転断念後のケアを家族だけに負わせることの危険性を示唆している。そのため、在宅での介護の継続を成功させるためには、介護者や家族、後見人も含めた場での免許更新を検討するなど、免許制度自体のあり方も検討する必要があると精神科医は指摘している（上村ら、二〇〇五）。

こうしたことを考慮すれば、今後認知症ドライバーに対するケア担当チームに医師、家族、交通警察の担当者らとともに交通心理士が加われば、より効果的となるはずである。とくに軽度認知症患者など、いきなり運転断念とはならず経過観察が必要な人に対しては、交通心理士によるケアがおおいに望まれる。さらに交通心理士には運転断念後のケアにもなんらかのかたちで関わってもらえればベストである。すでに一部の自治体では、交通アドバイザーという人が高齢ドライバーの家庭訪問を行っており、こうした試みは全国に広めてほしいものである。

とくに認知症により運転断念を余儀なくされた人たちに対する生活支援（病院や買い物への移動手段の確保など）は最重要課題であると筆者は考える。これは臨床心理学でいう、いわゆるコンサルテーションであり、地域社会のなかで医療、福祉、交通の関係者が連携することによって成り立つシステムである。高齢化が進む今後の地域社会においては、必須のシステムになると思われる。臨床心理士や社会福祉士は、こうしたコンサルテーションの専門家ではあるが、彼らは交通専門家としてのキャリアの点では不十分である。そのためこの分野でのコンサルテーションは、まさに交通心理士の仕事であると筆者は考える。

そこで、交通心理士という資格であるが、交通安全等の社会貢献活動に取り組む交通専門家の活動をバックアップするために、日本交通心理学会・資格認定委員会の審査を経て付与されるものである。二〇〇二年以降施行され、同学会が定める認定規定によれば、資格はその個人の知識や経験を次の規準に照らして認定される。

① 交通心理学に関する知識・情報を有すること

② 交通界における心理的諸問題に対して、その保有する知見を適用して問題解決に資することができること

なお、個人の知識、経験に応じて主幹総合交通心理士、主任交通心理士、交通心理士、および交通心理士補の四階級に分けられている。資格取得者は、自動車教習所指導員、交通警察関係者、自動車事故対策センター職員、損害保険会社担当者、運輸交通従事者、学術研究者と多岐にわたっている。

認知症ドライバーは全国ですでに三〇万人以上いるといわれ、今後さらに増えていくことは避けられないため、交通心理士の役割は地域社会においてたいへん重要になると思われる。前記関係者以外にもこれまで交通関係の仕事に携わってきた人たちが資格取得に関心を示してくれれば、地域社会における交通安全意識を高めるうえでたいへん望ましいことである。

交通心理士には、こうした重要な役割があることを日本交通心理学会は積極的に社会にアピールする必要がある。交通心理士を中核としたケアシステムが本格的に稼働するとなれば、

関係者に対する報酬をどの組織が支払うかなどの実務的問題が当然発生する。今後検討すべきことは多数あるが、社会貢献のために活動する学会であることを標榜する日本交通心理学会は少なくともアドバルーンをあげる必要がある。

過疎・高齢地域の交通システム

次の事例に対して読者諸氏はどのようなケアの方法を考えるだろうか？

高知県の山間部に住む老夫婦。バスは一日一〇便程度あるが、自宅からバス停まで遠く、病弱の夫はそこまで歩くこともたいへんとのこと。夫が通院する病院までは片道二五キロあり、タクシーを利用すると往復で約一万円かかる。妻は家計を支えるために仕事をもっている。夫は軽度の認知症であるが運転を継続している。理由は自分の通院と妻の仕事場への送迎のためである（日本放送協会、二〇〇六）。

日常生活を維持するうえで、車が不可欠な状況が見て取れる。過疎化の進行により六五歳以上人口がすでに三〇％を超える地域は少なくなく、全国各地に同じような事例が数多く存在すると思われる。認知症患者と家族の生活を守るために、免許制限が行われた後の生活支援が強く求められる。地域事情に馴染むケアシステムの構築に向けて、すでに自治体関係者をはじめとした地域住民がいろいろと知恵を絞り始めている。

自主的な免許返納者に対する優遇措置をとる自治体が出てきている。富山市では二〇〇六年四月から六五歳以上の高齢者が免許を返納した場合、市内バスや電車の共通回数券約二万円相当を一回支給する制度を導入した。導入後三か月間で返納者は約一八〇人に上り、すでに前年実績の四倍近くになっている。優遇措置が免許返納のきっかけになったといえる。

一方、高知県土佐清水市では二〇〇五年七月より、返納者に対して運転経歴証明書を発行し、さらにタクシー割引一〇%、バス定期券の最大九〇%割引、商店街での買物の一〇%割引という優遇措置を導入した。しかし、一年間の返納率は高齢ドライバー全体の二%に留まっている。土佐清水市には住民のすべてが六五歳以上という集落もあり、山間に暮らす人たちは、優遇措置があっても返納には踏み切れないようである。

要するに、県庁所在地である富山市の場合には、路線バスなどの公共交通機関がある程度発達しているため、高齢者は免許返納に踏み切れるが、土佐清水市の場合にはそれが不十分であるため、依然としてマイカーが生活の命綱となっているといえる。少なくとも県庁所在地都市においては、富山市のアイディアはおおいに参考になると思われる。

過疎・高齢化が進む地域では、旧来型の公共交通機関の拡充という考え方では問題解決にならない。採算コストの関係上、もともと都市型バスのような固定的な運行経路による公共交通が行き届かない地域であるからである。こうした地域では、NPO法人などが運営する移送サービス（福祉有償運送）や需要対応型のデマンド交通システムなどが注目されてきている（北村、二〇〇六）。

移送サービスとは、市民ボランティアなどが車のハンドルを握り、高齢者や身体障害者を実費程度の料金（たとえば片道一〇キロまでは八〇〇円）で送迎するサービスであり、二〇〇五年末時点で全国にすでに約三〇〇〇団体あるといわれる。まだ一般には馴染みが薄いが、今後急速に需要が高まるとみられている。

しかし、いかに福祉目的とはいえ違法な白タクとの境界があいまいになってきたため、国土交通省では二〇〇四年に移送サービスを公的に認めるためのガイドラインを示した。それによると、このサービスを利用できる人は、介護保険の要介護・支援者、身体障害者、および単独では公共交通機関の利用が困難な人となっている。また、二種免許を持たない市民ボランティアらの運転協力者は、安全運転と乗降介助に関する講習受講が必要になる。そして、導入を検討している県市町村には、運営協議会の設置と同協議会による運営団体の承認と国の許可が義務づけられている。

移送サービスが福祉有償運送ではなく、過疎地有償運送として認められている自治体もある。町内にタクシー会社や鉄道がなく、バス路線も少ない交通過疎地の場合、車をもたない人は日々の買い物にも苦労する。こうした地域では介護保険の要介護・支援者や高齢者だけでなく、誰でも移送サービスを利用することができる。

次に、デマンド交通システムとは、利用者それぞれの希望時間帯、乗降場所などの要望（デマンド）に応える公共交通サービスで、タクシーの便利さをバス並みの料金で提供するところに特徴がある。利用者はまず「情報センター」に電話で利用希望時間帯と目的地を告げ予約を行う。ワゴン車タイプの車が、乗り合う人を順に迎えに行き、すべての人を目的地まで送っていく。料金は通常二〇〇～三〇〇円程度である。

巡回バスとの大きな違いは、予約した人の家をそれぞれ回るため、バスのように決まった路線もなく、停留所まで歩く必要もない。利用申し込みがない場合は運行しない。「乗り合いのため多少遠回りすることもあるが、その分おしゃべりをしたり、新たな風景の発見があったりして楽しい」といった声も聞かれる。家に引きこもりがちな高齢者に対して、通院や買い物以外に生涯学習講座などへの参加機会を提供することも可能になり、生きがい対策としても期待されている。二〇〇七年四月時点で全国二九自治体が導入している（全国デマンド交通システム導入機関連絡協議会のホームページ）。

戸口から戸口への輸送を低額で提供する新たな公共交通サービスであるデマンド交通システムは、単なる利便性の高い公共交通サービスの提供にとどまらず、多種多様な効果（財政支出削減、高齢者の生きがい創出、商店街の活性化等）をもたらす、非常に重要な施策であると同協議会長の鈴木一男氏は語る。

過疎・高齢化が進む地域の自治体において、移送サービスやデマンド交通システムなどを整備し、安い運賃で個別的・分散的な交通需要に対応し始めたことは、まさに画期的である。今後は自治体サイドが住民のニーズを十分にくみ取り、知恵を絞ってよいアイディアを出し、実現に向けて努力していくことがたいへん重要になる。企業における新規事業開発のようなマネジメントからの発想が、地方自治体にも求められる時代になったといえる。

究極の議論として、過疎・高齢地域では、今後都市部への全村移転を進めた方が経済的効率がよいといった議論も聞かれる。はたして高齢者が住みなれた村を捨てて、都会の集合住宅に住むことができるのかという問題が当然起こる。こうした問題については、国民的なレベルでの議論が必要になろう。

第3章　高齢ドライバーの運転能力

六五歳以上の高齢運転者の九〇%近くが、毎日運転、あるいは週三〜四日運転しているといわれる。そして五〇%以上の人は「自分が運転を止めると家族の生活に支障が出る」と答えている。高齢者の生活においてマイカーの位置づけは高い。また、自動車教習所指導員の実車添乗による運転評価で「低」(高—中—低の三段階評価)とされた人の約半数が「車がないと通院不可能」と回答している。運転能力や健康状態において問題があっても、通院には車が不可欠であるため運転継続を強いられていることがうかがえる。

本章では、筆者が携わった調査研究のデータをもとに、高齢者の生活と運転との関わり、ならびに運転能力について検討していきたい。

高齢者の生活と運転との関わり

分析の方法

1　分析対象者のプロフィール

日本国内七か所の自動車教習所（東北四校、東京一校、近畿一校、中国一校）において、運転免許更新のための高齢者講習を受講した高齢ドライバー二八六名である。年齢段階による対象者数（構成割合）は六九〜七四歳一六二名（五七％）、七五〜七九歳七七名（二七％）、八〇歳以上四七名（一六％）である。なお対象者の性別人数（構成割合）は、男二五〇名（八七％）、女三六名（一三％）であった。調査時期は二〇〇五年十月から二〇〇六年一月であった。

2　分析材料

①　高齢者講習指導員による運転行動評価（五段階で「うまさ」と「注意深さ」を評価）と健康度評価（五段階で「姿勢」と「理解力」を評価）

②　筆者らが試案した運転と生活に関する三〇項目から成る質問紙

3　分析基準とデータ処理方法

次の二つを分析基準とした。

① 年齢段階三区分（六九～七四歳、七五～七九歳、八〇歳以上）

② 指導員評価三区分（H群、M群、L群）

指導員評価については、運転行動と健康度の評価得点を合算し四～二〇点の間隔尺度を構成した。そして平均（X）と標準偏差（σ）を算出し、L群≦10点，$X-\sigma$（11点）≦M群≦$X+\sigma$（14点），H群≧15点　として三群を編成した。三群の構成割合はH群（二二％）、M群（五三％）、L群（二五％）である。

分析結果

1　運転頻度

全サンプルの八七％が「毎日運転、あるいは週三～四日運転」と回答している。八〇歳以上でも九一％の人が同様に回答しており、高齢運転者の場合でも運転頻度はきわめて高い。

ちなみに、筆者が分析に関与した茨城県交通安全協会による「高齢ドライバー・運転適性プロジェクト」（二〇〇一年）においてもほぼ同じ結果が示されている。それによると七〇歳代前半において、「ほぼ毎日運転する」（六五％）、「週に三～四日運転する」（二四％）、両者計八九％となり、七五歳以上では、「ほぼ毎日運転する」（六六％）、「週に三～四日運転する」（二四％）、両者計九〇％となっている。

2　外出手段

本調査では、調査日から過去一週間にさかのぼった外出記録を調査した。運転免許を保有する人たちであるため、「自ら運転」して外出の割合が九五％ともっとも高く、次に「徒歩」（七六％）が続いている。第三位以下としては、「自転車」（三〇％）、「バス・タクシー」（二四％）、「配偶者運転の自動車」（二〇％）などがあげられている（図3・1）。

次に、高齢者の外出目的としてもっとも高いとされる「買い物」について整理した。これは、たとえば配偶者運転の自動車で外出する場合、その七九％が買い物目的であることを示している。買い物は個人的な目的であるため、家族（配偶者や子ども）が運転する自動車、あるいは自ら運転して出向くことが多くなっている。高齢者の外出手段として「徒歩」の割合も非常に高いが、徒歩の場合、荷物を運ぶ上で負担が大きいため、買い物目的は低くなっている。

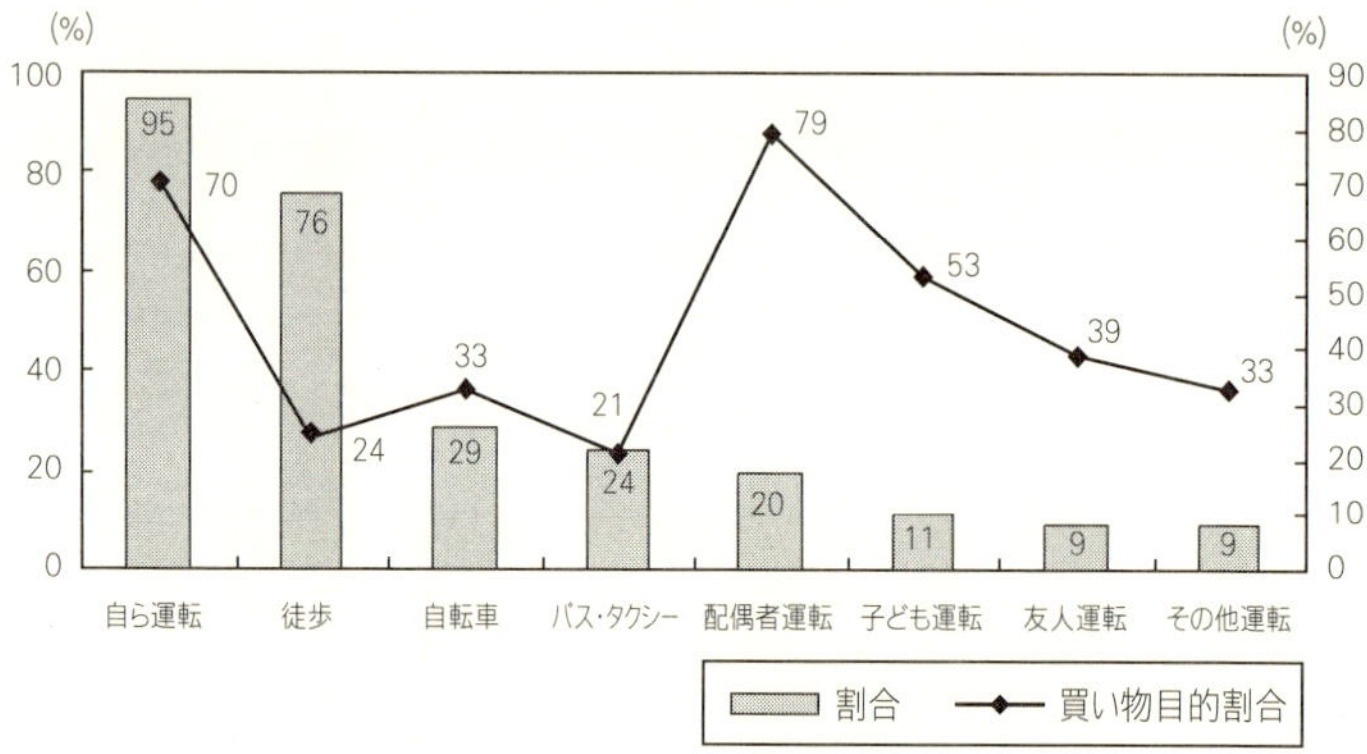

図 3.1　運転免許を保有する高齢者の外出手段

3　運転の必需性

次の三つの観点から運転の必需性を検討した。

(1)　通院のための車の必要性

全サンプルの四一％の人が「車がないと通院不可能」と回答している。指導員評価尺度との関連では、「車がないと通院不可能」とする割合がL群で四九％と全サンプル平均を上回っている。L群の場合、運転能力や健康状態において問題が生じているが、通院には車が不可欠であるため運転を継続していることがうかがえる。

(2)　同居家族のなかでの役割

同居家族内に自分以外には免許保有者がいないとする割合が三五％に達している。同居家族数についてみると「一人(独居)」(七％)、「二人」(四〇％)、「三人」(一七％)、「四人」(一二％)、「五人以上」(二四％)となっている。独居はわずかであり、二人住まいが約四〇％を占めている。二人住まいの大半は老夫婦世帯と推察され、わが国社会における核家族化の進行を伺い知ることができる。一方、五人以上の大家族も約四分の一あり、子ども家族との同居も少なくないことがわかる。

同居家族数の違いによる運転頻度を見てみたい。

「ほぼ毎日運転する」と回答した割合は、「一人(独居)」(三五％)、「二人」(五九％)、「三人」(六五％)、「四人」(六七％)、「五人以上」(七七％)となっている。これに「週に三〜四日運転する」

と回答した人の割合を加算すると、「一人（独居）」（八〇％）、「二人」（八四％）、「三人」（八二％）、「四人」（八九％）、「五人以上」（九九％）となる。同居家族数が増えるにつれて、高齢ドライバーの運転頻度が高まる状況が示されている。同居家族人数が多くなれば家事が増え、自動車の運転ができる健康な高齢者が家族のなかにいれば、高齢者とはいえ家事をこなすためにいろいろと貢献している生活状況をうかがうことができる。そして、全サンプルの五三％の人が「自分が運転を止めると家族の生活に支障が出る」と回答している。

(3) 居住地域の交通利便性

全サンプルの三七％の人が「マイカーなしの場合、生活に支障が出る」と回答している。年齢間に差は見られない。しかし、指導員評価尺度との関連では、運転能力や健康状態に優れるH群の七二％の人が「マイカーがなくとも生活に支障はない」と回答している点が注目される。生活必需性という観点では、彼らのマイカー必需性はけっして高くはないが、生活価値を高めるうえでマイカーが必要なものになっている。

4 運転継続可能性

次の五つの観点から運転継続可能性を検討した。

(1) あと一〇年は可能か？

全サンプルの五五％の人が「あと一〇年は可能」と回答している。年齢間に差がみられ、八〇歳以上の場合四〇％に留まっている。指導員評価の違いによる差もみられ、L群の四七％に対してH群では六八％に達している。運転能力や健康状態に優れるH群の場合、自らの運転継続可能性を長く見ていることがわかる。

(2)　あと五年は可能か？

全サンプルの八三％の人が「あと五年は可能」と回答しており、「あと一〇年は可能か？」の質問に比べて大幅に回答率が上がっている。年齢間、指導員評価の違いによる差はみられない。

(3)　そろそろ運転を止めたいか？

全サンプルの二九％の人が「そろそろ運転を止めたい」と回答している。年齢間に若干の差がみられ、七四歳以下の二六％に対して、八〇歳以上では三四％に達している。指導員評価の違いによる差もわずかにみられ、L群（二六％）、M群（三二％）に対してH群では二一％に留まっている。

(4)　運転免許に年齢制限は必要か？

全サンプルの五八％の人が「必要である」と回答している。年齢間に差はみられないが、指導員評価の違いによる差がみられる。「必要である」と回答する割合は、L群（六九％）、M群（五五％）に対してH群では五〇％に留まっている。運転能力や健康状態に優れるH群で意見がちょうど二つに割れているが、それらに問題が生じているL群の場合は三分の二以上の人が年齢制限の必要性を感じている。

(5) 家族は運転断念を勧めているか?

全サンプルの二六%の人が「家族は運転断念を勧めている」と回答している。年齢間に若干の差がみられ、七五~七九歳の一九%に対して、八〇歳以上では三六%に達している(七四歳以下は二六%)。指導員評価の違いによる差は見られない。

5 運転と自分の行動に対する自信

次の四つの観点から運転と自分の行動に対する自信について検討した。

(1) 運転に自信がある

全サンプルの八一%の人が「自分の運転に自信がある」と回答している。年齢間で差がみられ、七四歳以下(七九%)、七五~七九歳(八一%)、八〇歳以上(八七%)と高齢運転者のなかでも加齢にともない自信が高まっている。指導員評価の違いによる差もみられ、L群(七五%)、M群(八二%)、H群(八六%)と指導員評価の高い人たちは自己評価も高くなっている。

前出の茨城県プロジェクトにおいても、この点が見いだされた。「自分の運転技術に対して自信をもっている」かどうかについて、肯定的回答は、七五歳以上で七二%に達している。

また、「自分の運転テクニックなら十分危険を避けることができると思う」については、七〇歳代前半で四六%、七五歳以上では五三%の人が肯定的な回答を示している(図3・2)。

ちなみに、三〇歳代ドライバーの回答状況をみると、前者の質問では三八％、後者では一〇％と低い値を示している。反応の速さや正確さを測定するテストで良好な成績をあげている年齢段階の方が、自分の運転に対する自信が低いという結果が得られている。

高齢ドライバーの過信傾向については、高齢者講習の場で運転適性検査の結果を説明する際に、十分な注意を促す必要があるといえる。

(2) 同年齢の人よりも行動が慎重

全サンプルの八〇％の人が「自分は同年齢の人よりも行動が慎重」と回答している。年齢間で若干の差がみられ、八〇歳以上の回答率は八七％に達している。指導員評価の違いによる差もみられ、L群（七四％）、M群（八二％）、H群（八八％）と指導員評価の高い人たちは自己評価も高くなっている。また全サンプルの七六％の人が「自分は同年齢の人よりも考え方が柔軟」と回答している。

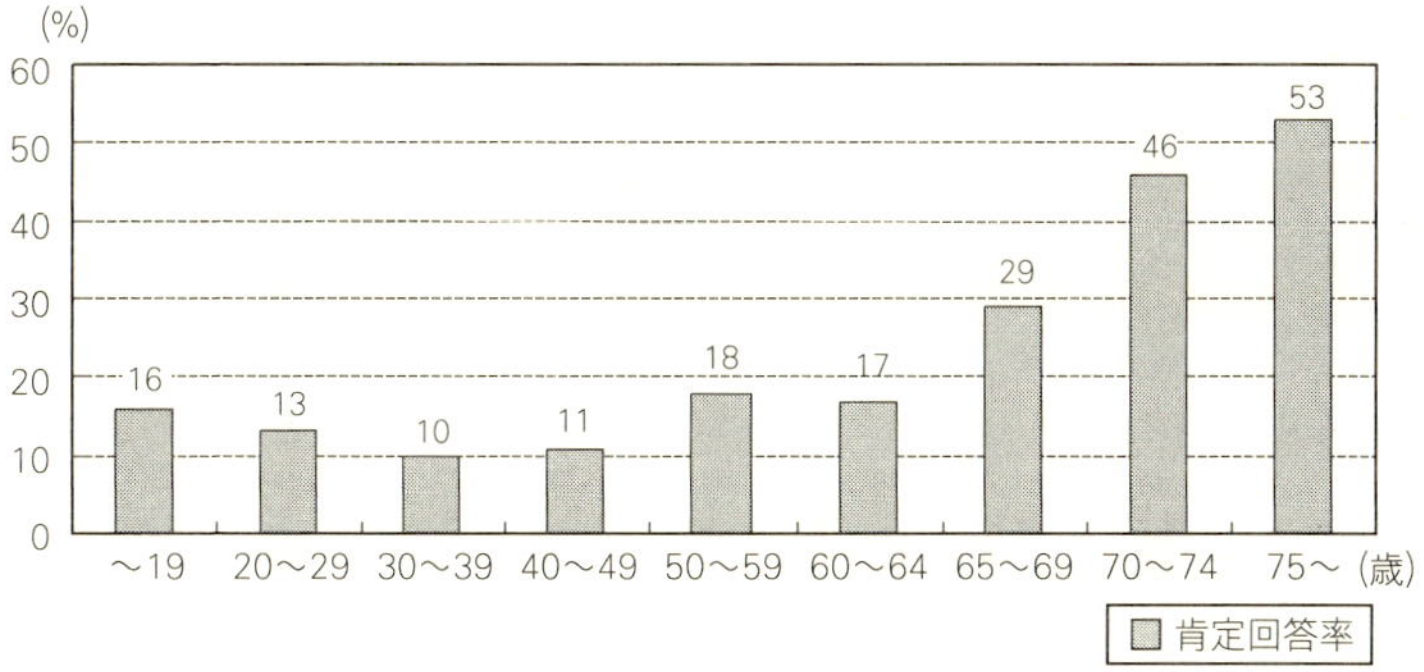

出所：所（2001）

図 3.2　自分の運転テクニックなら十分危険回避できる

(3)　同年齢の人よりも足腰が丈夫

全サンプルの七一％の人が「自分は同年齢の人よりも足腰が丈夫」と回答している。年齢間、指導員評価の違いによる差はみられない。

主観的な健康観についても尋ねたが、サンプル全体では、自分の健康状態が「やや悪い」あるいは「非常に悪い」とした人はわずかに六％となっている。七〇歳以上の高齢者の大規模な健康観調査データが入手できないため推測の域を出ないが、健康状態がよくないと回答する人の割合がわずかに数パーセントであることから、運転免許の更新のために高齢者講習に参加している高齢者は一般の高齢者と比べて、健康状態はかなり良好であると思われる。しかし、年齢段階別に「非常によい」と「ややよい」に対する回答割合の合計値を比較すると、六九〜七四歳（四六％）、七五〜七九歳（五一％）、そして八〇歳以上（三五％）となり、八〇歳以上において主観的な健康観が若干低下している。

(4)　安全運転している

全サンプルの八八％の人が「自分は安全運転している」と回答している。年齢間で若干の差がみられ八〇歳以上の回答率は九三％に達している。

具体的な安全運転行動として「最近は自分の運転で遠出をすることはない」については、全サンプルの五四％の人が肯定的回答をしている。年齢間で若干の差がみられ、八〇歳以上の回答率は六六％に達しており、加齢にともない無理な運転をしていないことがわかる。指導員評価の違いによる差もみられ、L群（六二％）、M群（五四％）、H群（四一％）となっている。指導員評価の低い人たちは無理な運転をしていないことがわかる。

また「慣れた道を運転する」についても、全サンプルの八三％の人が肯定的回答をしている。年齢間で差がみられ、七四歳以下（八一％）、七五〜七九歳（八六％）、八〇歳以上（九四％）と高齢運転者のなかでも加齢にともない無理な運転をしていないことがわかる。指導員評価の違いによる差もみられ、L群（八六％）、M群（八二％）、H群（七五％）と指導員評価の低い人たちは無理な運転をしていないことがわかる。

6　運転に対する不安

次の三つの観点から運転に対する不安について検討した。

(1)　運転中、時々視野が狭くなる

全サンプルの五三％の人が「運転中、時々視野が狭くなる」と回答している。年齢間で若干の差がみられ、八〇歳以上の回答率は六五％に達している。指導員評価の違いによる差はみられない。また、全サンプルの四七％の人が「運転中、視野がすっきりしないことがある」と回答している。年齢間で差がみられ、八〇歳以上の回答率は六二％に達している。

(2)　最近信号の見落としが増えた

全サンプルの三三％の人が「最近信号の見落としが増えた」と回答している。年齢間で差は

みられない。指導員評価の違いによる差がみられ、L群の回答率が四〇%ともっとも高くなっている。

(3) 最近運転を頼まれるのがしんどい

全サンプルの四一%の人が「最近運転を頼まれるのがしんどい」と回答している。年齢間で若干の差がみられ、八〇歳以上の回答率が四八%に達しているのに対して、七五〜七九歳の場合は三一%に留まっている(七四歳以下は四四%)。指導員評価の違いによる差はみられない。

7 他人(とくに家族)の意見を受容する態度

全サンプルの八三%の人が「長生きのこつは人の意見を聞くことである」と答えている。年齢間で若干の差がみられ、八〇歳以上の回答率は九一%に達している。指導員評価の違いによる差もみられ、L群(七六%)、M群(八二%)、H群(八六%)となっている。年齢の高いグループと心身の健康状態がよいとみられるグループの回答率が高く、長寿・健康と人の意見を聞くこととの関連がみられることは注目される。

また、全サンプルの五八%の人が「自分の運転ぶりについて家族の意見を聞いている」と回答し、四九%の人が「最近は自分の判断よりも家族の判断を重視している」と答えている。

8　本調査を受けての提言

本調査から、次の二点を導くことができる。

① 公共交通機関の発達した東京都内居住者を除いては、自らの意志において運転を断念する人がほとんどいないということ

② 運転の継続を希望する高齢者講習受講者においても、心身機能に起因する運転能力に関して個人差がみられるということ

上記を受けて、指導員による運転行動評価と運転適性検査の結果に基づき、講習受講者を次の三タイプに分類し、それぞれ別メニューの安全運転教育を実施することが望ましいといえる。

【第一グループ】　新しく導入が予定される認知機能検査において、認知症が疑われる受講者に対しては（高齢者講習を担当した教習所は地元交通警察へ連絡し、警察担当者を通じて家族と協議を行い）、当人に対して専門医師の受診を要請できるシステムを確立する。このグループは事実上の「運転断念勧告グループ」となる。

【第二グループ】　認知症でなくとも講習での評価が好ましくない受講者（一定の基準を設けて、それ以下の評価である受講者）に対しては、高齢者講習とは別に用意された新たな講

習会参加を勧める。その講習会において、夜間運転、朝夕の混雑時運転、雨天等の悪天候時運転、長距離運転などは極力避けるべきであることを具体的に指導する。

【第三グループ】第一・第二グループ以外の受講者に対しては、高齢者講習時に従来通りの高齢者向け安全運転教育を実施し、啓蒙を継続していく。

高齢者講習時の心身健康状態と運転行動実績から受講者を三グループに分類するという前記の提言は、高齢者講習を従来型の全員一律の啓蒙的な位置づけではなく、受講者の運転能力を判断する場に改変するという大胆な提言である。適性検査の実施に際して、排除の論理をとるべきではなく、教育の論理に則るべきであるという大前提がある。前記提言は、排除の論理を取っているのではなく、運転能力に応じて三コースを提示し、それぞれのコースにおいてきめ細かなケアシステムを用意しているため、教育の論理に則っていることは明らかである。今後は、受講者を三グループに分類する客観的な基準を作成することが急務となり、テストマニュアルを整備し高齢者講習指導員に対して周知徹底を図っていかなければならない。今後、高齢者講習指導員の役割はきわめて重要となり、自動車安全運転センター・安全運転中央研修所（茨城県ひたちなか市）での研修の充実、ならびに高齢者講習指導員になるためには「交通心理士」の資格取得を条件にするなどの取組みが必要といえる。

高齢者の事故親和特性

事故を起こしやすい人の医学的・心理学的特性はすでに十分検討されている。そして、高齢者の心身機能の特性とこれらを比較対照し、事故に結びつきやすい高齢者の特性には、主に次の三つの側面があると筆者は考える（所、一九九七、二〇〇二）。三つの側面とは、視力（視野を含む）、反応の速さ・バラツキ・正確さ、そして自分の運転能力に対する過信である。以下にポイントを説明したい。

視力（視野を含む）

運転に必要な情報の約八割は視覚を通して摂取しているといわれている。視力は加齢の影響をとりわけ強く受け、他の機能

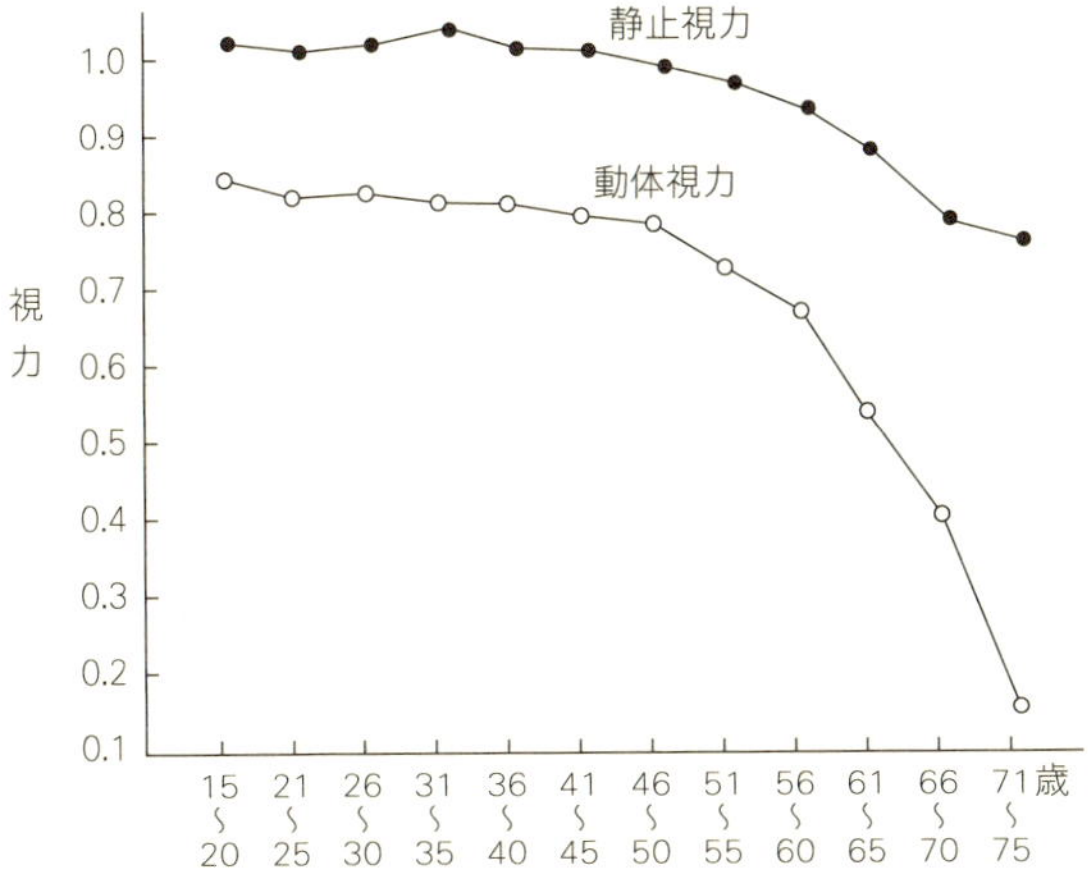

出所：鈴村（1971）

図 3.3　静止視力・動体視力の加齢変化

に比べて老化現象が早く訪れることが特徴である。しかも運転行動に必要とされる視力は、静止視力のみならず、動く対象に対する反応が要求されるために、動体視力の役割が重要になることは第2章で紹介した通りである。

静止視力と動体視力の加齢による変化をみると（図3・3）、四五〜五〇歳の間で下降現象が始まっている。そして、動体視力と静止視力との差は四五歳頃から急激に増大していることがわかる。動体視力は対象物の移動速度が増すにつれて直線的に低下し、この傾向は加齢が進むにつれてより強まるとされる（鈴村、一九八四）。

視覚に関しては、暗いところで物が見え始める順応力、いわゆる暗順応も加齢とともに低下することが経験的に知られている。運転場面での夕暮れ時の物の見えにくさ、トンネルに入ったときの状態などが、この現象で説明できる。

夜間視力についても加齢による低下が顕著である。夜間視力を六〇秒視力についてみた結果が図3・4であり、二〇歳代の六〇秒視力が〇・八前後であるのに対して、四〇歳代で〇・七、五〇歳代では〇・五前後と、加齢の進行につれて急激な低下となっている。また、図3・4においては、年齢段階別の標準偏差の格差に注意する必要がある。すなわち、七〇歳以上グループの標準偏差は比較的小さいが、四〇〜五〇歳代ではたいへん大きくなっている。これは、いわゆる老眼の開始時期に個人差があることと関係している。

このように高齢者の夜間視力は大きく低下していることがわかる。照明条件によってサポートが可能な室内作業などの場合には、あまり問題は生じないといえるが、夜間の運転などはたいへん危険であるといえる。

車の運転に関しては、加齢にともなう視力の低下に加えて、視野が狭くなることが大きな問題となる。真正面を向いて片目で左右九〇度の範囲で物が見えることが望ましいが、六五歳を過ぎると視野が六〇度ぐらいに狭まってしまう人が多い。高齢者の典型的な事故として、第1章では交差点での出合頭事故と右折事故があることを紹介したが、この原因には、左右を確認しても視野の狭まりによって見落としが起こった可能性が考えられる。

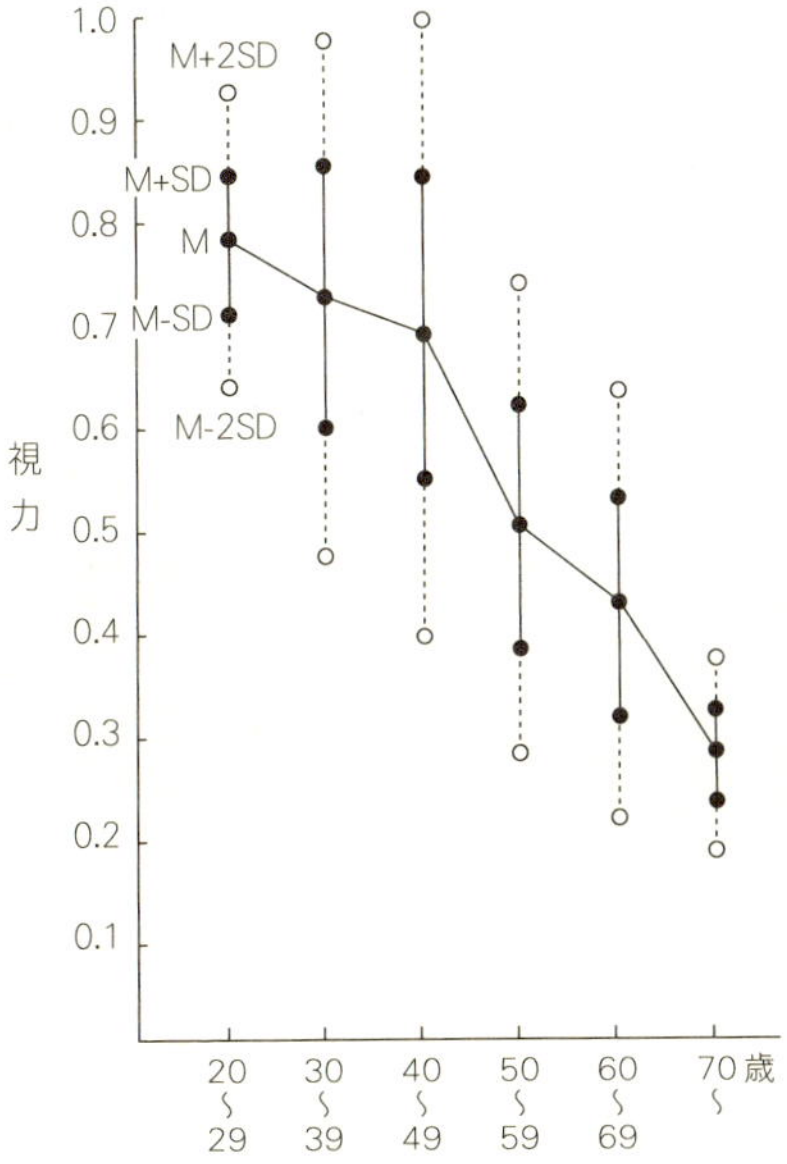

出所：国際交通安全学会（1985）

図 3.4　夜間視力の加齢変化

反応の速さ・バラツキ・正確さ

単純反応、選択反応、複数作業反応のいずれにおいても、加齢とともに平均反応時間が遅れている。また、いずれの年齢段階においても、単純反応より選択反応の方が遅く、さらに複数作業反応が遅れている（図3・5）。単純反応とは、赤信号が点灯したら素速くブレーキを踏むというタイプの反応をいう。選択反応とは、赤信号ならばブレーキを踏む、青信号なら右手元の卓上ボタンを押す、黄信号ならば左手元の卓上ボタンを押すというタイプの反応を意味する。ちなみに、このタイプの選択反応を三選択三反応という。また、複数作業反応とは、選択反応の検査課題に加えて、各信号がそれぞれ何回点灯したかを検査終了時に申告することを含めて検査が実施されたときの反応を意味する。

こうした反応には、刺激を知覚し、その意味を読みとり、それに対する適切な行動をとるという一連の「知覚—判断—動作機能」が関与している。すなわち、筋能力と感覚との調整（協応）能力が求められ、これを心理学では、サイコモーター特性（精神運動能力）と呼んでいる。

単純反応時間では、七〇歳代の人は二〇歳代の人と比べて〇・一秒ほどの遅れであるが、複数作業反応になると遅れの幅は〇・二秒以上となっている。すなわち、検査課題が複雑になるにつれて、若年者と高齢者との間の格差が大きくなり、高齢者は複雑な課題への対応が不得手であると理解できる。

反応時間と事故との関係では、反応時間の速さよりも安定性（反応時間の標準偏差）が重要であるとされる。標準偏差が大きい人は、反応時間に速いときと遅いときがあり、事故を起こしやすいと考えられている。こうした観点で見ると、単純反応、選択反応、複数作業反応のいずれにおいても加齢とともに反応時間の標準偏差が大きくなっており（図3・6）、高齢者は若年者に比べて事故を起こしやすいといわざるをえない。

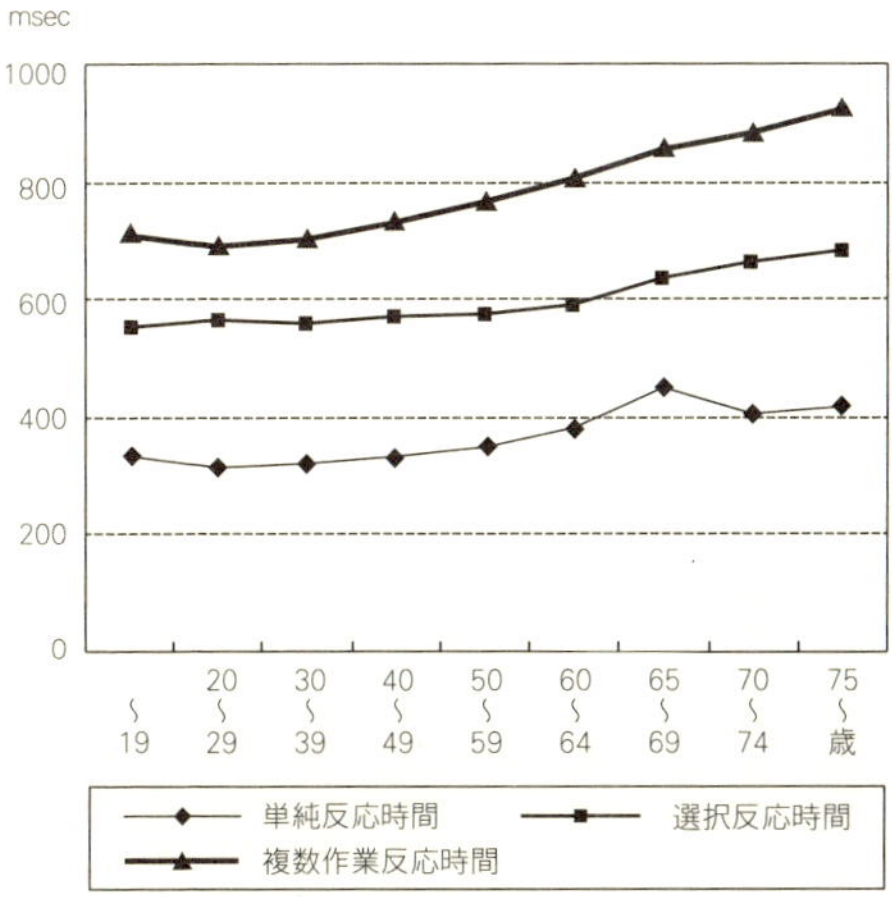

出所：所（2001）

図3.5　年齢段階別・反応時間の平均値

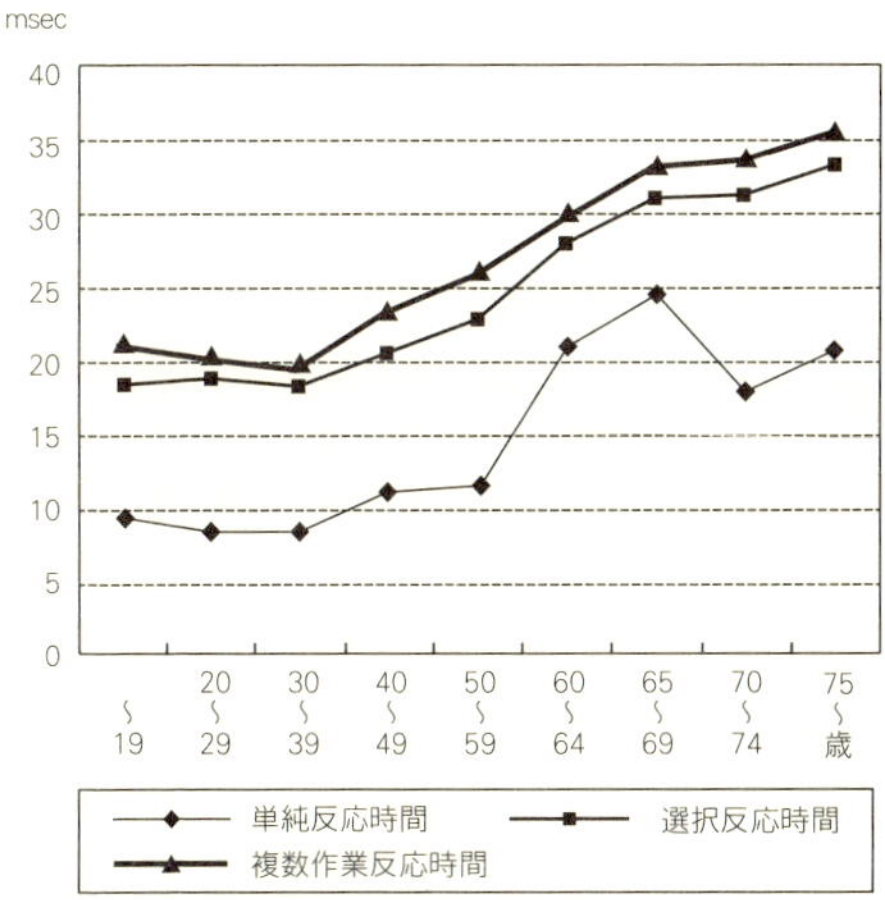

出所：所（2001）

図3.6　年齢段階別・反応時間の標準偏差

また、図3・7はハンドル操作検査での年齢段階別のエラー反応状況を示している。四〇歳代から加齢とともにエラー反応が増大していることがわかる。この結果と図3・5で示された複数作業反応検査での高齢者の結果を考え合わせると、複雑な作業課題に対して、高齢者は若年者に比べて反応時間がかかるうえにエラー反応も増大していることが読みとれる。

高齢者の事故は交差点で多いことをすでに述べているが、交差点での交通状況は、前記の検査課題の状況と似ていることに注目したい。すなわち、交差点では複雑な作業課題を瞬時に処理することが求められるため、迅速に適切な反応を行うことが不得手な高齢者にとって対応が難しい交通場面であることは明らかである。

自分の運転能力に対する過信

加齢とともに自分に対する自信が高まり、それが過信につながることは運転行動において問題視される。すでに本章のなかで「自分の運転テクニックであれば十分危険を回避できる」に関する調査データを紹介しているが、それによると七五歳以上の人は実に五三％の人が肯定的回答をしており、高齢ドライバーの自分の運転に対する強い自信が示されている（八一ページ図3・2）。

自分に対する自信は、人生を生きていく上ではたいへん重要であり、中高年になって地に足がつかないような状態では好ましくなく、それゆえ論語にも「四十にして惑わず（不惑）」と説かれている。しかし、自分の運転に対する自信のもちすぎは、不安全行動をもたらし、たいへん危険である。高齢者の場合、交通規則よりも自らの経験則を重視する傾向があり、その典型が交差点での一時停止違反である。一時停止違反の多くは、いったん停止せず徐行ですませているケースと考えられる。高齢者が長年にわたる運転経験によって培った経験則に従えば、いったん停止しなくとも徐行で十分という判断となる。そうした判断は自分の経験に対する過信と考えられ、結果的に事故につながっているといえる。

加齢にともなう自分の運転能力の低下を自覚し、けっして経験則におぼれる過信運転をしないように求めたい。

高齢者の事故回避特性

前節では、事故に結びつきやすい高齢者の特性

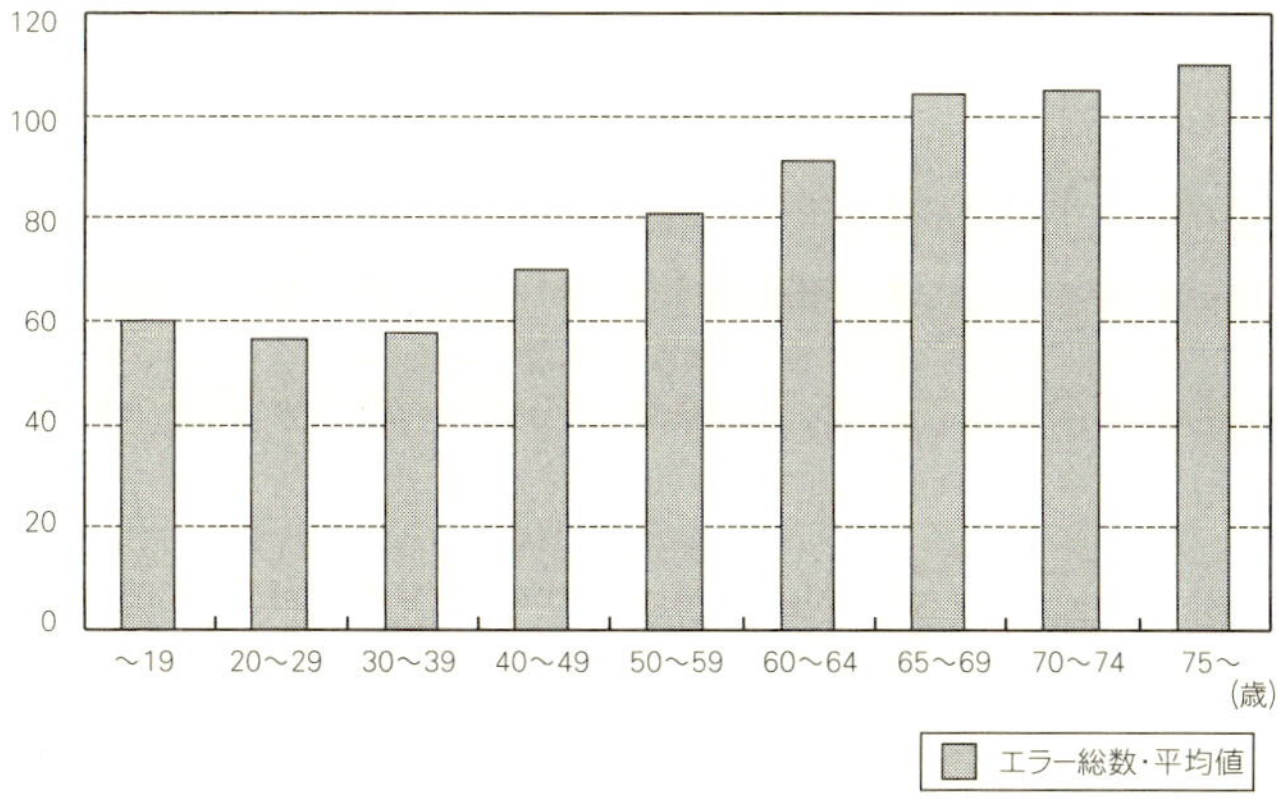

出所：所（2001）

図 3.7　ハンドル操作検査の年齢段階別エラー状況

について紹介した。その多くが、加齢にともなう心身機能の衰退現象であり、これは本人の努力ではいかんともしがたい現象であることを強調したい。しかし、加齢現象のすべてが、運転にとってマイナスに作用するわけではなく、高齢者には知恵と熟達によりマイナス面をカバーしていく能力が備わっている。これは「補償」といわれる心理学的メカニズムであり、運転に関しては、とくに「補償的運転行動」と呼ばれている。高齢者による補償的運転行動は、自らの欠点をカバーする運転行動であるため、高齢者のもつ優れた事故回避特性であるといえる。以下にそれらを紹介したい。

第一は、高齢者の運転時間帯である。七〇歳以上のドライバーの八〇％以上が運転時間帯として「昼間（九時〜一七時）」をあげており、夜間、朝方、夕方が主たる運転時間帯である若年層と比べて好対照となっている。七〇歳以上の高齢者の場合、夜間の運転は一〇％未満になっている（図3・8）。見通しが悪い夜間、および道路が混雑する朝夕は、昼間と比べて事故を引き起こす要因が多いことは自明であり、こうした時間帯を避けて運転している高齢ドライバーは、自らの優れた安全運転態度によって事故を回避しているといえる。

第二は、高齢者の運転エリアである。七〇歳以上のドライバーの九〇％以上が運転エリアとして「居住市町村内」および「隣接市町村内」をあげており、「かなり広範囲」まで運転する人は、わずかに一〇％未満となっている（図3・9）。高齢ドライバーは近場の慣れた道路を中心に運転していることが見て取れ、この点においても自らの優れた安全運転態度によって事故

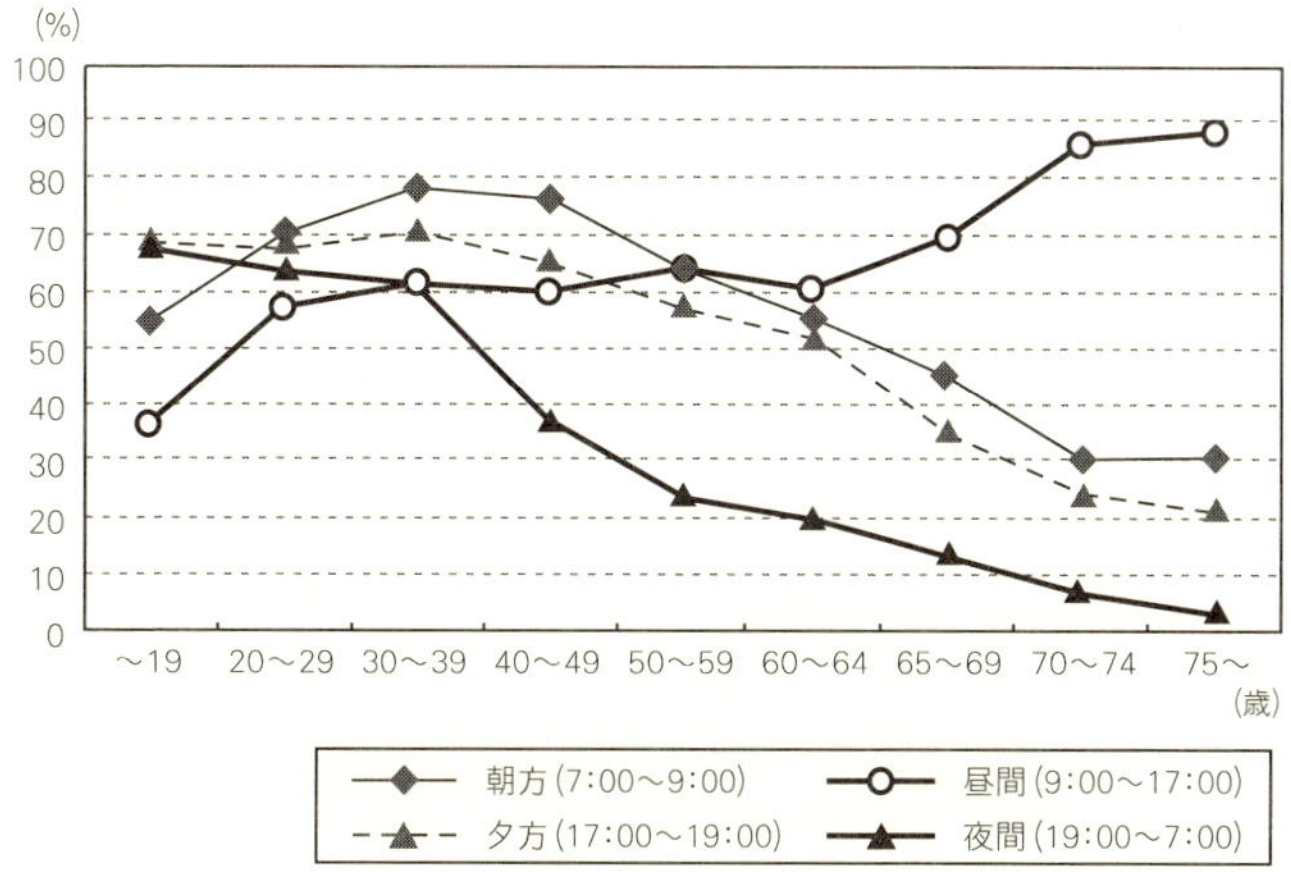

出所：所（2001）

図 3.8　運転時間帯

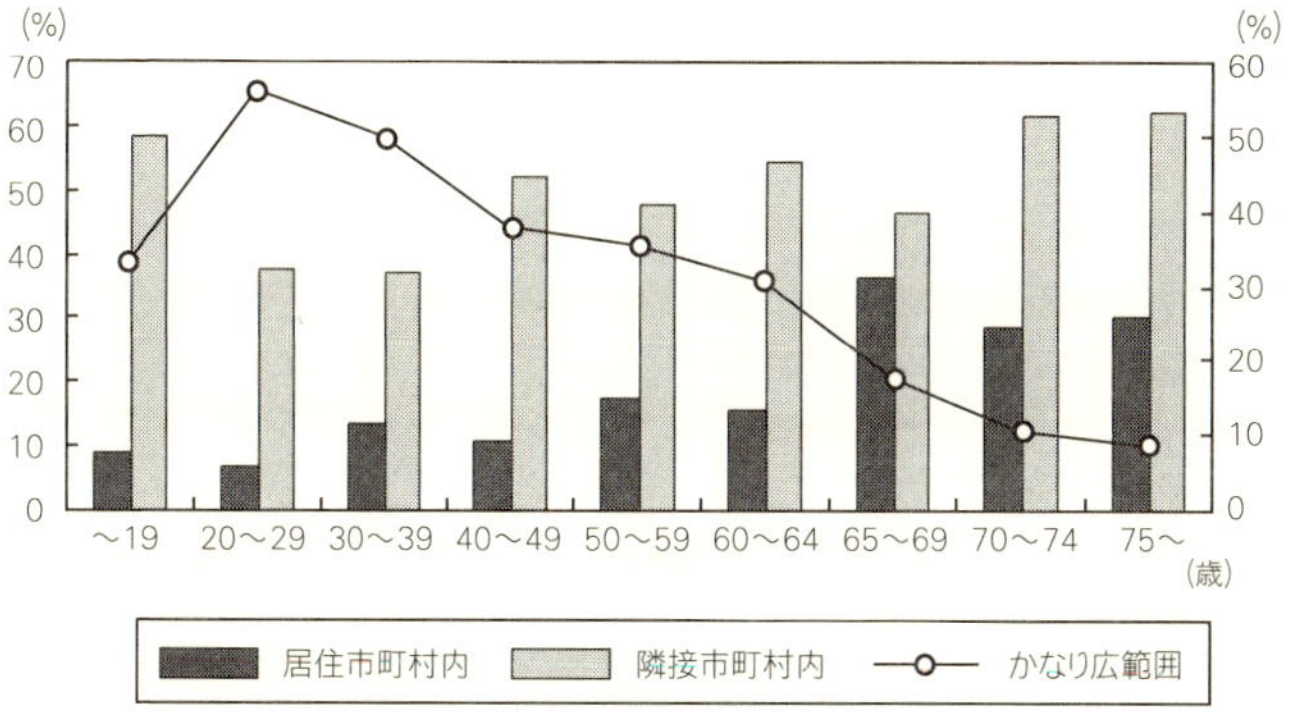

注：右目盛は折れ線グラフ用，左目盛は棒グラフ用
出所：所（2001）

図 3.9　運転エリア

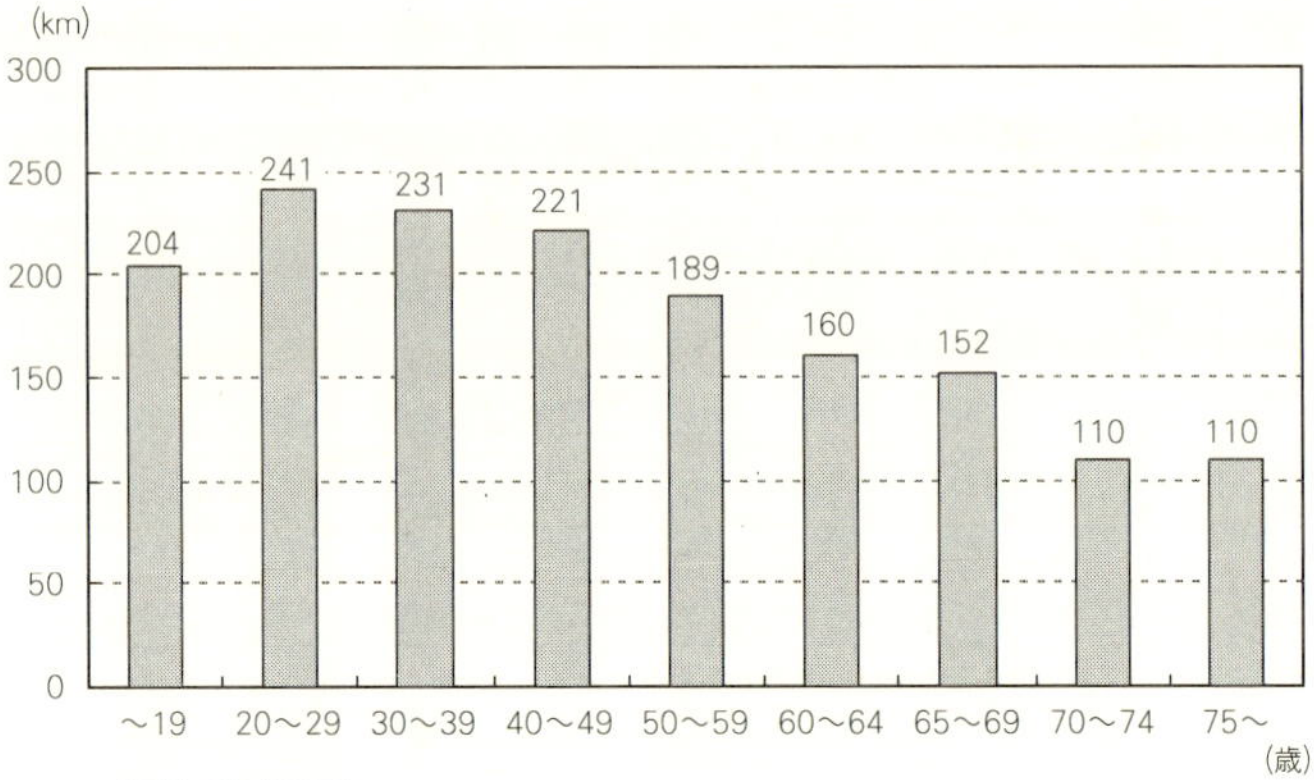

出所：所（2001）

図 3.10　1 週間あたりの平均走行キロ数（年齢段階別）

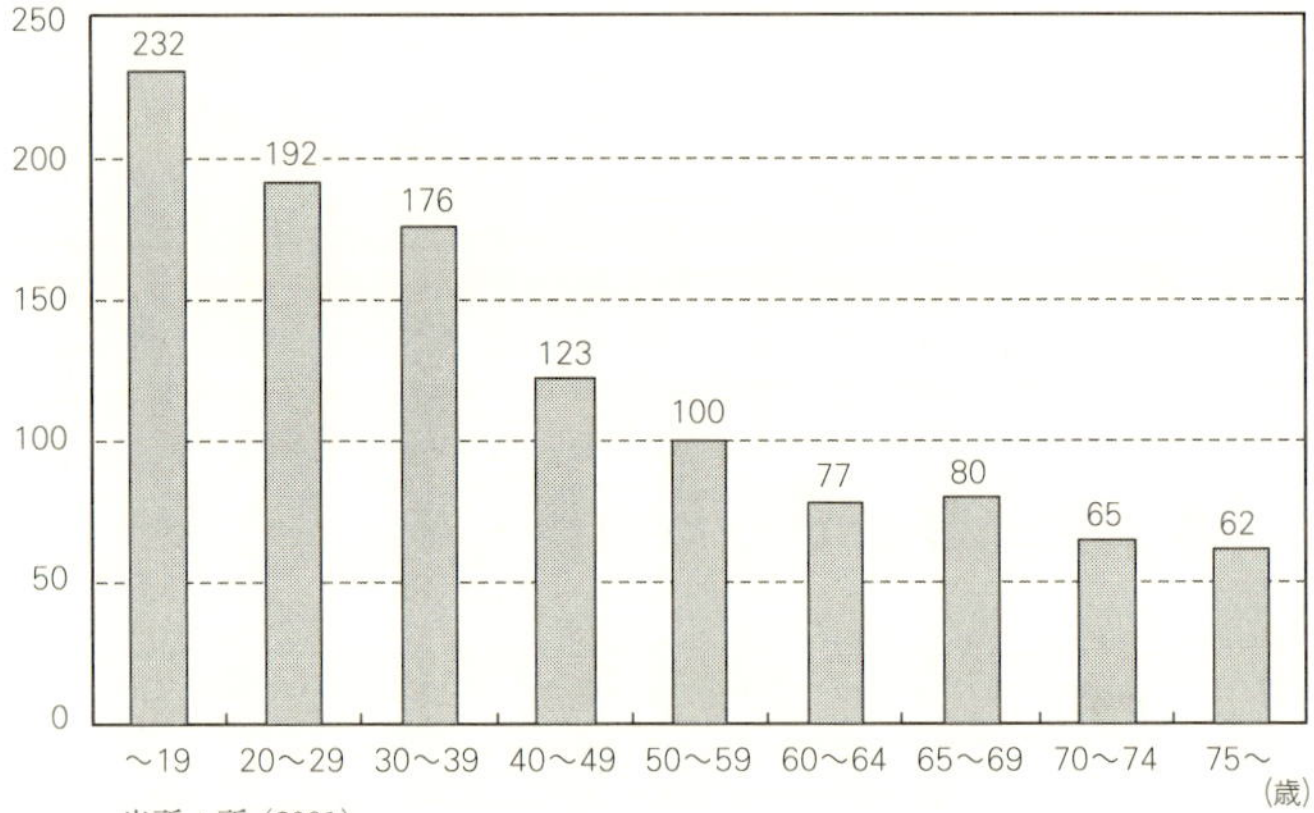

出所：所（2001）

図 3.11　危険な運転態度傾向の加齢変化（19 項目）

を回避しているといえる。

第三は、高齢者の一週間あたりの平均走行キロ数である。七〇歳以上のドライバーの場合、一週間あたり約一一〇キロ程度の走行キロ数であり、四〇歳代以下の半分以下となっている（図3・10）。走行距離が少ないということは、事故に遭遇する機会が少ない（事故暴露度が低い）ことを意味し、こうした行動が、結果的に事故を回避しているといえる。

第四は、高齢者の安全運転態度である。すでに述べた前記一～三の補償的運転行動は、高齢者に備わる優れた安全運転態度によってもたらされた行動であるといえる。図3・11には危険な運転態度傾向が加齢とともに弱まっていることが示されている。これは、因子分析の結果一九項目に収束した尺度得点を年齢段階別に整理したものである。すなわち、「追い越した直後に、逆に追い越されると腹が立つ」「思わず他車と張り合ってしまう」「高速道路では追越車線を走ることが多い」「高速道路ではとばしたくなることがある」といった項目によって構成される尺度である。高齢者の優れた安全運転態度は、加齢にともない顕在化する事故親和特性をかなりの部分で補償していると考えられる。

心理適性と補償メカニズム

高齢ドライバーには、加齢現象のため事故に結びつきやすい特徴がみられる反面、知恵と熟達によりマイナス面をカバーしていく能力が備わっていることを前節で示した。すなわち、高齢者の運転行動においては高齢者のマイナス側面とプラス側面とが調整され、表3・1に示すような適応戦略がとられている。これは、心理学的に無意識の最適化、あるいは補償と呼ばれるメカニズムであり、高齢者のもつ優れた事故回避特性であるといえる。

したがって、実験室での能力検査に表れるほど、実際の運転行動においては高齢ドライバーが危険であるとは必ずしもいえない。その理由としてエリングハウス（Ellinghaus, 1990）らは、次の三点を指摘している。

① 実際の運転行動では、年齢によって決定された身体的な能力よりも、交通状況に対応する能力の方が重要である。

② 実際の運転行動では、基本的に個々の能力の限界まで要求されることはない。

③ 若いときからの運転スタイルが持続性をもち、これが加齢変化よりも強い力をもつ。

表 3.1　高齢ドライバーの適応戦略

1．適応行動
①運転回避：長距離，長時間，夜間，悪天候，混雑時，疲労時，不案内道路など
②適応運転：低スピード（高速道路の利用頻度少，低速レーンの選好），追い越し少，車間距離大
2．心理特性
慎重さ，低いリスク・テイキング，低い攻撃性，高い遵法性など
3．生活態度
規則正しさ，飲酒少，食事の摂生など

出所：国際交通安全学会（1992）

交通事故の人的要因を心理学的にみた場合、知覚、判断、動機、パーソナリティー、リスク・テイキング、安全運転態度などの多元的な要素が有機的に結合してその人の運転行動に反映され、事故発生に結びついているといえる。そして、多元的な各要素がダイナミックな関連性をもち、補償的な働きを行っていると考えられる。

すなわち、高齢者が「自分に運転適性上の欠陥がある」と理解した場合には、それを矯正しようとする心理的なメカニズムが働き、適性を変容させることができる。たとえば、視覚的に欠陥があっても、そのことを十分に心得た慎重な人は、夜間運転を行わないなどの行動をとる。また、反応時間の遅い人は、それをカバーした注意深さで情報受容を行おうとするはずである。高齢者には、こうした補償メカニズムを最大限に発揮させる心理適性が備わっていることに注目する必要がある。

ただし、補償メカニズムは、単純な交通状況ではうまく機能するが、交差点のような複雑な交通状況では、安全運転態度をもってしても補償できない場合があることを忘れてはならない。

このような視点で考えると、現行の高齢者講習で実施されている運転適性検査の内容には大きな問題があることがわかる。現行検査では、反応時間の速さと正確さといったサイコモーター特性の一部のみが測定されている。サイコモーター特性は加齢にともない低下が避けられないものがほとんどであるため、高齢者のパフォーマンスが低いことは自明である。したがって、高齢者に対して不可避な心的機能の低下を再認識させることが高齢者講習の趣旨なのかと疑問を呈したくなる次第である。そもそも高齢者講習は、高齢ドライバーを排除するのではなく、高齢者に対してより長く運転生活を継続するための手助けを行うために開設されたはずである。

加齢にともなう不可避な心身機能の低下をもつ高齢者に対しては、運転行動に関する長所と短所の両面の測定が重要であると筆者は考える。ちなみに子どもの教育においても、子どもの好ましくない点のみを糾弾していては改善を見いだしにくく、むしろ数少ない良い点を指摘して褒めることによって、好ましくない点も徐々に改善されることが経験的に知られている。それは長所には短所を補償する機能があるからである。高齢ドライバーの運転行動においても、同じことがいえると考えられる。

表3・2では、運転適性検査結果から見いだ

表 3.2　運転適性検査における事故者・若年者・高齢者の比較

	特性内容	事故者	若年者	高齢者
サイコモーター特性	＊反応のバラツキ大	○	×	○
	＊選択反応の遅延・エラー	○	×	○
	見込み操作傾向	○	△	×
パーソナリティー特性	自己中心性	○	○	×
	外罰性	○	△	×
	活動性・衝動性	○	○	×
	社会（職場）不適応	○	△	×
	過信・自己信頼性	○	×	○

＊は高齢者講習で測定されている。
○印：その特性をもっていることを示す。
×印：その特性をもっていないことを示す。
△印：どちらとも言えない。
出所：所（2004a）

せる事故者、若年者、および高齢者の特徴を大まかに示してある。一般的に高齢者は、人柄や態度といったパーソナリティー特性において優れ、反応の速さや正確さといったサイコモーター特性では事故につながる特性がみられるとされる。そのため、高齢者講習での運転適性診断では、高齢者からは芳しい結果が期待できないサイコモーター特性を重点的に測定し、彼らに対して注意を促すことを最重要視していることが容易に理解できる。

したがって、高齢ドライバーの長所であるパーソナリティー特性を測定する検査を高齢者講習のなかに導入することを筆者は推奨したい。これは、簡単な質問に「はい―いいえ」で答える形式の検査であり、運転適性検査としてすでに広く普及している検査である。これを導入することにより、講習を受講した高齢ドライバー各人が自分の長所と短所の両面を理解し、長所を最大限に生かし短所を補償していくことができれば、長く運転生活を継続することが可能になるといえる。

第4章　高齢ドライバーをとりまく交通環境

高齢ドライバーに対する安全対策の枠組みは、クルト・レヴィンの行動の法則に基づき「P－高齢ドライバー自身に対して安全行動を求めること」および「E－交通環境の改善促進を図ること」の二側面から検討すべきであることを第1章において示した。そして、前者については高齢者講習の充実強化を図ることがもっとも重要であることを述べた。

一方、後者については「高齢者をとりまく人々の意識変革」と「道路構造、交通施設等の改善」の二つの側面からの検討が考えられる。さらに本章では、近年急速な技術開発が進む安全車両設計に関する側面も交通環境に含めて述べたいと思う。道路構造・交通施設、車両設計の改善については、わが国の取組みは全般的に遅れているといわれる。これらは高齢ドライバーに関わる問題にかぎらず、わが国交通社会全体に関わる問題であるため、今後重点的に取り組むべき課題といえる。本章ではこうした点を検討していきたい。

人的要因――高齢者をとりまく人々の意識変革

超高齢時代における交通安全は、高齢者のみが高齢者講習を通して交通安全に対する問題意識を深めるだけでは、きわめて不十分である。むしろ、高齢者をとりまく若年・中年の人たちの意識変革が必要といえる。

先に示した茨城県のプロジェクトのなかに示唆を与えるデータが存在する。高齢時代の交通社会における「高齢者への支援策」について、運転免許更新時に各年齢段階のドライバー二〇六四名に尋ねた。図4・1に結果が示されている。

七〇歳以上のドライバーは、主に「見やすい交通標識」「高齢者のための優先駐車スペース」などを求めている。彼ら自身が高齢ドライバーであるため、自らが必要とする項目をあげていることがわかる。

これに対して六〇歳未満のドライバーの場合、前記二項目への回答割合は低く、「歩道の工夫」「歩道拡張」「無料バス」「乗りやすいバス」などがあげられている。これらはいずれも歩道を歩く人、あるいはバスを利用する人に対する配慮であり、直接的な高齢ドライバーへの支援策ではない。すなわち、若年・中年層は高齢者に対して、依然として「歩道を歩く人やバスを利用する人」という見方をしており、自動車を運転する高齢者が急増しているという現状認識が、明らかに欠落しているといえる。自分の隣のレーンを走行する車は、高齢ドライバーがハンドルを握る車である可能性が日増しに高まっているにもかかわらず、若年・中年のドライバーには、そうした認識があまりないようである。まずはこうした点において、若年・中年層の意識変革が求められる。

七〇歳以上のドライバーに対して、シルバーマーク（紅葉マーク）の提示が求められていることを第1章で紹介した。しかし、従来はあくまでも高齢者の自主的な判断に任されており、提示しない場合は科罰の対象となる若葉マーク（免許取得一年以内の初心ドライバーに対して義務づけられている）とは取扱いが異なっていた。そのため、提示率は必ずしも高くはなかった。

高齢ドライバーが紅葉マークを提示することにより、道路上で付近を走行する自動車に対

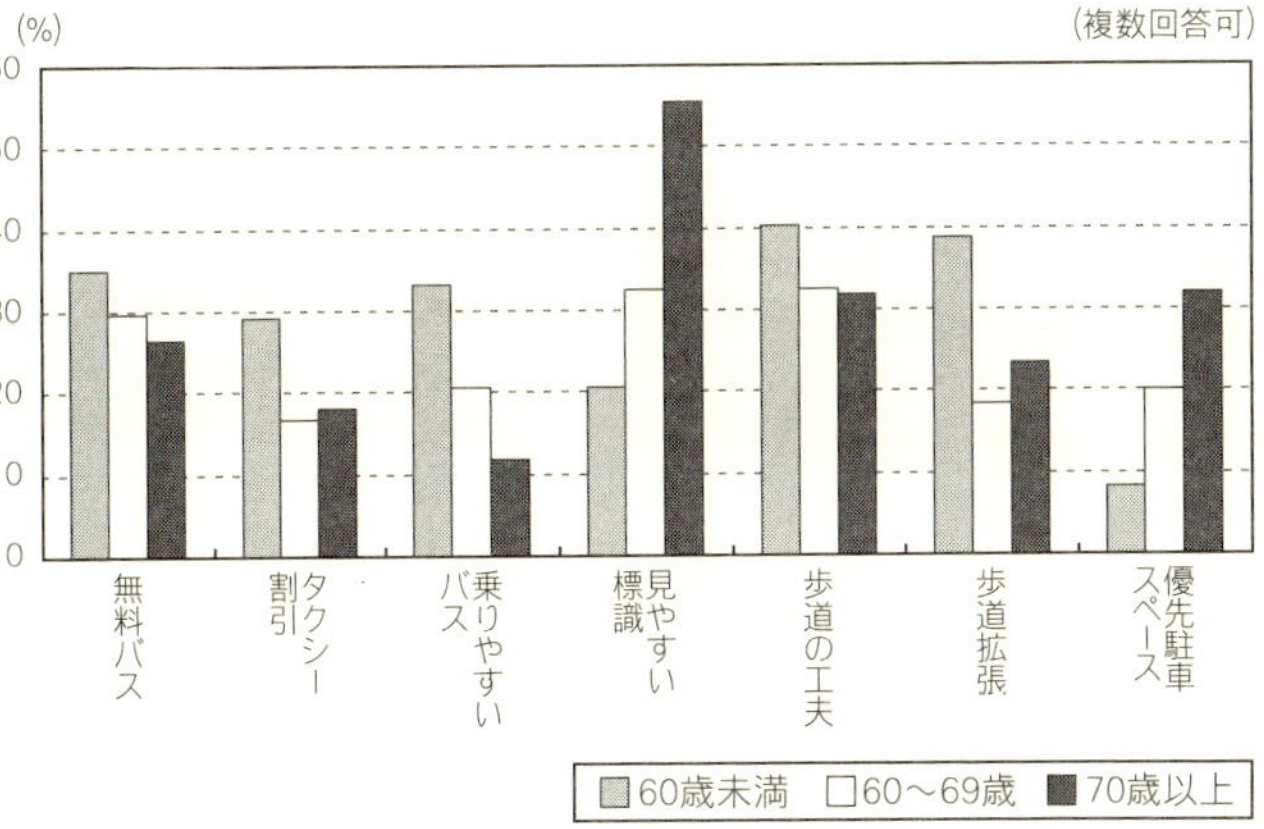

出所：所（2001）

図 4.1　高齢者への支援策

して自車の存在を知らしめ、配慮を求めるという効果が期待される。仮に紅葉マークの自動車に対して、無理な割り込みをしたり、幅寄せをしたりすると五万円以内の罰金が科される。したがって、高齢ドライバーによる紅葉マークの提示が徹底し、道路を走行する相当数の車に紅葉マークが提示されるようになれば、若年・中年層のドライバーも高齢ドライバーが激増している現実を否が応でもとらえることができ、彼らの意識変革は確実に進むといえる。こうしたことを受けて二〇〇七年の法改正によって、七五歳以上の高齢ドライバーに対して紅葉マークの提示を強制義務化したことは当を得ている。

道路環境要因——歩行者優先の交通システム設計

道路構造および交通施設等の改善に関して、わが国の現在の状況はけっして十分とはいえない。その理由は、欧米先進諸国ではすでにさまざまな改善が施されてきたが、わが国では、経済効率をあげるため自動車の走行を優先した交通システムが長い間容認され、交通弱者への配慮は二次的とされてきたからである。たとえば、買い物客や通勤・通学などの往来が多い商店街や学校、工場の周辺の道路でも、歩道がなかったり、あっても幅が非常に狭いなど、歩行者への配慮に欠ける道路が依然として全国いたるところで見られる。

そこで、二〇〇〇年に道路構造令の改正が行われ、自動車を優先してきた道路整備の発想からようやく脱却し、歩行者や自転車の安全や快適性を重視する方向へ政策転換が図られはじめた。すなわち、「モビリティー重視から総合的なユーティリティー重視の道づくり」、「画一的な道づくりから個性ある道づくり」、そして「地域が自由に発想できる道づくり」など、道路計画や構造のあり方が修正されてきている。

主な改正点としては、次の点があげられる。

(1) 市街地に新設する道路には、原則として歩道と自転車道を設置することを国や地方自治体に義務づける。

(2) 歩道の幅は、自動車の交通量ではなく、歩行者の通行量に応じて決める。

(3) 裏道のような歩道がつけられない道路では、自動車のスピードを抑えるため、路面に突起部分（ロードハンプ）を設けたり、車道の幅を部分的に狭くすることを自治体に求める。

本節で紹介する事例（写真つき）は、主にイギリス中部の都市・シェフィールド（人口約五四万人）市内で筆者が確認したものであり、イギリス国内ではごくふつうにみられるものである。しかし、現在の日本では残念ながらまだあまり見ることができないものが多い。事例写真はいずれも筆者のシェフィールド大学での在外研究中（二〇〇三〜〇四年）に自ら撮影したものである。以下に概要を紹介したい。

写真４・１は、イギリスでの住宅街の道路でよく見られる道路構造である。これは道路の表

面に緩やかなこぶをつくり、その衝撃感により速度抑制を促すというものである。この緩やかなこぶはハンプと呼ばれ、三〇〜五〇メートル間隔で設置されている。ドライバーに対して道路標識のみで速度抑制を促すだけでは不十分であり、こうした強制的な道路構造の併用が必要との考え方が背景にある。子どもや老人も通行する住宅街の道路では、通常時速二〇〜三〇キロの速度標識が提示されることが多いが、必ずしもすべてのドライバーがそれを遵守しているわけではない。そのため、時速二〇〜三〇キロで走行する必要がある道路では、半ば強制的に制限速度で走行させるためにロードハンプが設置されている。強制的とは、ハンプの上を高速で乗り上げるとドライバーには強い衝撃が加わり、それが三〇〜五〇メートル間隔で繰り返される

写真 4.1　ロードハンプ (Road-hump) (1)

と、身の危険を感じ速度を落とさざるをえなくなるということである。写真4・2の方は、横断歩道そのものがハンプ状になっている。

ただし、ハンプが設置されている道路に救急車などの緊急車両が入るとき、問題が生ずるとの指摘もある。しかし、日々の道路利用頻度を考えれば、ハンプの有効性はたいへん高いといえる。

写真4・3で右に見える信号は赤色になっているため、車は止まらなければならない。しかし、赤信号であっても停止しない車は後を絶たない。それを阻止する役割を果たすのが、道路と写真奥に見えるロータリーとの境界に立つ二本のポールである。二本のポールは信号が赤色に変わると素早く路面から竹の子のように伸び上がり、赤信号を強行突破しようとする車を実力阻止する。すなわち、信

写真 4.2　ロードハンプ（Road-hump）（2）

号無視の車は鋼鉄のポールにぶつかり自車を損傷することになる。そして、信号が青色に変わると一瞬のうちに、今度は路面のなかにしまい込まれる。

赤色は停止、青色は進行可という万国共通の交通規則をすべての人が遵守すれば、このような道路施設は必要ないが、守らない人も少なからず存在するため、こうしたものが必要になる。ちなみに、写真の場所はイギリスが世界に誇る十六世紀の文豪シェークスピアの生地、ストラットフォード・アポン・エイボン（Stratford-upon-avon）である。この地には多くの観光客が外国からも訪れるため、コストのかかるこうした道路施設が特別に設置されている。こうした施設は、イギリス国内でもさすがに設置されている場所は数少ない。

たとえば、日本において黄信号の意味を理

写真 4.3　信号無視による車両進入防止のポール

解し、それを行動に移している人がどれくらいいるだろうか？……　黄信号は本来「止まれの合図」であるが、交差点で黄信号が点灯すると、ほとんどの車はアクセルを踏み込み、加速して一気に交差点を通り抜けている。こうした人間行動は、交通場面において人間に対する性悪説的な見方を部分的に取り入れる必要があることを示唆している。

写真4・4は、道路が三つに区分されており、右側が歩行者専用道、中央が自転車専用道、そして左側が自動車専用道となる。車利用から自転車利用への転換は、健康増進、自動車総量の抑制、さらに排気ガス削減による環境への貢献の視点からも重要である。現在のわが国では自転車専用道はほとんど見あたらず、道路の総延長一二四万キロに対し、一％にも満たない。そのため、自転車は車道、

写真 4.4　自転車専用道路

あるいは歩道を走行せざるを得ず、たいへん危険である。そもそも自転車は馬車などと同様に軽車両扱いであるため、車道を走ることが原則であるが、道交法では各県の公安委員会が許可した場合に限って、歩道を走ることができるとされている。

自転車絡みの年間死傷者数は、一〇年前に比べて五万人増え、歩行者を巻き添えにした死亡事故も起きている。そのため、歩道と分離したかたちでの自転車道の設置は急務となり、道路構造令の改正により、最近東京都心でも自転車専用道が設置された。今後徐々に全国へと広がっていくことが期待され、名古屋市や広島市では、植栽やカラー舗装を使い、歩道を自転車用と歩行者用にはっきりと区別し始めた（「朝日新聞」二〇〇六年八月七日）。

自転車専用道は、ヨーロッパではとくにドイツ語圏諸国（ドイツ、オーストリア、スイスなど）で広く整備されているが、近年はイギリスやオランダでも近距離交通の主役のひとつに位置づけられ、整備が進んでいる。街を走る車のうち、半分は5キロ未満の移動に使われるとされ、これが自転車に代われば、交通渋滞や事故が減ることがおおいに期待される。

シェフィールドは、イギリスでは珍しい丘陵都市であり、坂道が多く自転車走行には不向きであるため、自転車専用道はあまり多くは見られない。写真4・4は、シェフィールドでの数少ない自転車道である。

乗降口が低床型（ローステップ）のバスがイギリスでは数多く見られる（写真4・5）。足や膝の悪い高齢者にとってバスの乗り降りの負担は大きく、こうした設計はバスを利用することが多い高齢者にとって、たいへんありがたい配慮となる。また、車イスを利用する障害者にとってもバス利用が可能となる。交通機関のバリアフリー化が進むなかで、イギリスではほぼ全土でローステップ・バスが導入されている。

これに対してわが国では、交通バリアフリー法の制定（二〇〇〇年）により少しずつこうした設計のバスが増えてきているが、その比率は全国で六万台以上が稼働している路線バスのうちのわずか二％程度にすぎない。これはヨーロッパ諸国における普及率と比べればきわめて低く、地方ではこうした設計のバスをまだ見たことがない人も少なくないといえよう。

イギリスでは、写真4・5のような二階建てバスが多く見られ、首都ロンドン市内を走

写真 4.5　ローステップのバス

る赤色の二階建てバスは観光名物にもなっている。二階建てバスの一階部分には、高齢者、障害者、妊婦などのために数多くの優先席が設けられている。そのため、一般乗客の座席確保のため、二階建てになっていると考えられる。

気になる点は、中学生・高校生の下校時間になると、バスの二階部分が子どもたちの遊技場と化してしまいがちなことである。乗務員は運転士一人のワンマンバスであり、二階部分に監視役となる大人はいないため、子どもたちはものを食べながら大声で騒ぐことがしばしばある。これは日本では見られない光景である。二階建ての構造ゆえに、子どもたちのこうした行動を誘発しているといえる。もっとも日本でも、最近交通機関のなかで化粧をする若い女性や平気でパンやおにぎりを食べているサラリーマンなどを見かけるようになった。これは、交通の場面が公共社会の一場面であるという認識に欠けていることを示しており、教育の必要性を感じる。

写真4・6の街は、シェフィールド市街地から車で一時間ほどの郊外で撮影されたものである。人口は少なく高齢化率の高い、いわゆるルーラルな地域である。そのため昼間でも人通りは少ない。日本でも都市部から離れた地域では、過疎化が進み高齢化率はかなり高くなっており、状況は似ている。こうした地域の街中を歩く人の多くは動作が緩慢な高齢者であり、自動車や自転車に注意を促すために〝Elderly people〟の標識が掲げられている。交通量が少ないため車は制限スピードを超過しがちであり、また自転車道も設置されていないため、歩行者と

自転車が交差するハザード場面も想定される。そのため、高齢者に対する配慮を促すこの標識は、危険な運転行動を抑制させるために一定の効果が期待される。

日本のルーラルな地域で、こうした標識を見かけることはまずない。小学校付近の道路脇にスクールゾーンであることを知らせる標識をよく見かけるが、これは同じ趣旨であるといえる。高齢者が大きな人口ブロックとなっているわが国では、こうした新しい交通標識が必要といえる。

写真４・７は、ヨーロッパの各都市でしばしば見られる路面電車である。イギリスでは、首都ロンドンとスコットランドの大都市グラスゴー以外には地下鉄路線はないため、各都市の公共交通機関はバスと路面電車となっている。そのため、トラム（tram）と呼ばれる

写真 4.6 “Elderly people”の標識

路面電車の果たす役割はたいへん重要である。

日本においても、昭和三十年代（一九五五～六四年）は路面電車の全盛時代であった。当時はまだ本格的なモータリゼーション普及以前であったため、路面電車は市民の重要な「足」の役割を果たしていた。しかし、昭和四十年代以降の自動車の激増により、路面電車と自動車は同じ道路を走るため、路面電車は自動車の走行の妨げになると考えられた。さらに、マイカー利用者の増大にともない路面電車の利用者は減り、経営上の理由も重なって路面電車は全国の中都市から短期間のうちに姿を消していった。現在では、函館、東京、京都、広島、長崎など数えるほどになっている。わが国の交通社会に根強くはびこる自動車最優先主義は、このようにして形成されていったといえる。

写真 4.7　路面電車

しかし、わが国でも最近路面電車が見直されてきている。ヨーロッパの都市部や観光地では、最寄り駅やバス停までマイカーでアクセスし、駅に近接した駐車場に駐車した後、公共交通機関（鉄道、バス、路面電車など）に乗り換えて目的地まで行く方法が一般的となっている。これは、パークアンドライド（park and ride）と呼ばれる交通システムである。自動車交通量自体が減少するため、交通事故の減少や渋滞の緩和だけではなく、排気ガスによる大気汚染の軽減、二酸化炭素排出量の削減といった効果も期待されている。ドライバー自身も郊外で乗り換えるため、渋滞のイライラを感じることなく、時間通りに目的地に到着できるとされる。

イギリスでは、首都ロンドンの中心地にマイカーを乗り入れる場合、原則五ポンド（約一一〇〇円）の通行税が課されている。パークアンドライドを徹底させるための施策と説明されている。ただし、富裕層にとっては微々たる金額としか映らず、一般市民のみパークアンドライドが強制されているとの疑問も出ている。さらに、パークアンドライドに必要かつ十分なキャパシティをもつ駐車場を駅周辺に整備することも緊急課題となっている。

シェフィールドでは、小学生の朝夕の登下校時において、市内のすべての小学校正門付近にロリーポップマン（女性の場合にはロリーポップレディーという）と呼ばれる交通誘導係が出動し、子どもたちの交通安全をサポートしている（写真4・8）。彼らが市役所職員であることからも、行政当局における子どもの交通安全に対する優先順位の高さがうかがえる。朝夕の決まった時間帯に、決まった制服を着たロリーポップマンが市内の小学校付近にいっせいに出動することにより、市民社会全体の安全意識はおおいに高揚するといえる。

日本でも朝の登校時のみ、小学校付近の危険な交通箇所に父母のボランティアが立ち、子どもたちの交通誘導が行われているケースは少なくない。しかし、シェフィールドの徹底ぶりと比べれば、けっして十分とはいえない。

さらに、シェフィールドでは、「子どもの登下校時の親による送迎義務化」が絶対条件となっている。市内の多くの小学校では、朝八時四五分までに親子同伴で登校し、下校時は午後三時二〇分までに親は校庭に集合することが義務づけられている。万が一、定時を過ぎても親が迎えに来ない場合には担任教員は親に電話を入れ、親が来るまでは絶対に子どもを帰さないという慎重な対応がとられて

写真 4.8　ロリーポップマン（Lollipopman）

いる。

日本では、小学生が下校途中に何者かに襲われ殺害されるという痛ましい事件が起きているが、それへの対策はきわめて不十分であるといわざるをえない。新聞報道によれば、集団での登下校、子どもに防犯ベルをもたせるといった対策案が検討され始めているが、いずれも決定力に欠けている。このレベルの対策で本当に事件の再発が防げるのだろうか。大切な子どもの命を守るため、わたしたちはもっと真剣に考える必要があるのではないか。喫緊の対策として「子どもの登下校時の親による送迎義務化」が絶対条件であると筆者は考える。これをすべての小学校で徹底することを望みたい。

イギリスで徹底していることが日本ではなぜできないのか？　父母の多くは「登校時はともかく下校時に迎えに行くことは難しい。職場の理解が得られない」と答えるであろう。学校関係者からは「親に送迎を義務づけると共働きの親には大きな負担となる」という回答が予想される。いずれももっともな理由であるが、「子育ては個人的都合であり、職場のなかに甘えを持ち込まれては困る」という考え方がわが国の社会通念であり、それが多くの組織を支配していることがこの問題の根源であるように思える。

イギリスでは、小学生の子どもをもつ母親のほとんどが有職者であるが、多くの母親が子どもの送迎を行っている。子どもの安全を守るための送迎は親の責務であるとの認識が社会全体で共有されており、そのために子をもつ親が一時職場を離れることを容認する組織風土が、この国ではすでに醸成されているのである。父親による送迎も珍しくない。日本では父親が午後三時頃職場を離れて子どもを迎えに行くことなど考えられないが、イギリスでは様相が異なる。子育ては夫婦の分業であるため、父親の仕事としても違和感はない。また、この役割を祖父母が担っている家庭も多々ある。祖父母とは別居していても協力し合い、この役割を必ず家族の誰かが実行している。

わが国では少子化の進行が深刻な社会問題となり、若い夫婦が子どもを産み育てる環境づくりに関していろいろと知恵が絞られている。しかし、根源的な意識変革なくして少子化問題は改善されず、痛ましい事件も根絶できないと思う。

車両要因——ユニバーサル・デザインとしての安全車両設計

安全車両の考え方

交通事故原因として、日本自動車工業会（以下、自工会と略す）のホームページには次のように記されている。「ひと・クルマ・道路環境」の三要素が考えられ、実際の事故はそれらが複合的にからみ合って起こる。事故対策はこの三要素について、事故原因を調査・分析したうえで、効果的に実施していく必要がある。

この三要素のうち、従来は対策の重点が「ひと」におかれ、「クルマ」の側面からの安全対策はきわめて脆弱であったといえる。しかし、近年国土交通省は安全基準を強化し、衝突実験に基づく自動車アセスメントの実施、先進安全自動車ASV（Advanced Safety Vehicle）の開発などに取り組み始めた。それを受けて、各自動車メーカーが新技術を駆使した安全車両の開発を進めている。このことが近年の交通事故死者数減少の原因のひとつに結びついたとされている（佐川、二〇〇五）。

安全車両の設計は、事故を未然に防ぐための「予防安全」（active safety）と、事故発生後の被害軽減のための「衝突安全」（passive safety）の二側面から取り組まれている。

こうした取組みは、交通事故対策においてこれまで不十分であった車両要因からの対策強化という意味合いが強く、必ずしも高齢ドライバーが増大している時代の要請を受けて取り組まれているわけではないと自動車メーカーの技術者は主張する。すべてのユーザーに寄与する安全車両の開発が意図されているとはいえ、こうした取組みの推進は、高齢ドライバーにとってもたいへん好ましいことであり、よりいっそうの技術開発が望まれる。

さらに車両設計においては、安全性以外にもユーザーが扱いやすい車両という観点からも技術開発が進められている。たとえばトヨタ自動車では、これまでの車両設計を通じて培った経験から一八〇の評価項目を設定し、ユニバーサル・デザイン化に努めている。これは性、年齢、障害などの特性にかかわらず、多くのユーザーが快適に使用でき、豊かで充実したカーライフを体験できることが意図されている。

そこで、一般的な安全車両設計の骨子と高齢者の利用が増えているとされる小型自動車について以下に述べたい。

予防安全（アクティブ・セーフティー）

これは、事故を未然に防ぐために車両設計においてさまざまな工夫を行う事故回避性能である。トヨタ自動車のホームページによると、予防安全技術の基本的チェックポイントとして、次の点が指摘されている。

①車の本来の機能である「走る」「曲がる」「止まる」が、ドライバーの意図通りにできるか（安全の重要度からは、「止」⇓「曲」⇓「走」の順となる）
②運転に必要な操作が適切にできるか（人間工学的研究に基づいたレイアウト、空間の取り方、操作の簡略化等への配慮）
③運転に必要な情報が取りやすいか（視界のよさ、バックミラー等による周辺の情報の取りやすさ、あるいはメーターによる車の状態情報の取りやすさ等）
④ドライバーの疲労を抑える環境に配慮されているか（乗り心地、静粛性、空調等）

自工会によると、これらを元に国内の各自動車メーカーは、事故を未然に防ぐ方法として、とくに次の三つの安全装置を重視し、普及拡大を図っている。

①ハイマウントストップランプ～通常のブレーキランプよりも高い位置で点灯させることにより、後続車にブレーキング中であることを確実に伝える追突防止装置

②アンチロックブレーキシステム（ABS）～急ブレーキをかけるとタイヤがロックしてしまい、通常ハンドルが利かなくなるが、それを防ぐ装置

③ブレーキアシスト（BA）～ブレーキを踏み込むべきときにブレーキペダルを十分に踏み込めない非力な人や緊急時に不慣れな人のために踏力を補完する装置

上記三装置の車両生産台数ベースで見た装備率は、二〇〇二年時点ですでに七五％を超えている。また、二輪車において、エンジンをかけるとライトが自動点灯する「前照灯自動点灯」の装備率は一〇〇％に到達しているという。二輪車の前照灯自動点灯は、自工会が一九八九年にキャンペーンを開始し、一九九一年から各メーカーが順次採用を推進し始め、一九九八年から道路運送車両法の保安基準で義務づけられた。二輪車の昼間点灯は事故削減に大きく貢献している。

先端技術導入による事故の起こりにくい自動車（いわゆる先進安全自動車ASV）の研究開発も予防安全に位置づけられる。ASVの技術のうち、衝突が避けられないとコンピュータが判断した場合、自動的にブレーキがかかり、ドライバーに危険発生を知らせる追突軽減ブレーキシステム（CMS）や、ハンドルの動きに連動してヘッドランプの照射範囲を変更させ、見や

すさを提供する先進前照灯（ＡＦＳ）などが、欧米先進諸国に先駆けてわが国ではすでに実用化されている。自動車に活かされるハイテク技術の開発を自動車メーカーが単独で行うことには限界があるため、最近では最先端のＩＴ産業といわれる電機業界との連携を強化する動きが強まっている。わが国の先進安全技術は世界のトップクラスの水準にあるといえる。

衝突安全（パッシブ・セーフティー）

これは、事故が起きてしまった後の被害を最小限に抑えるための対衝突性能である。事故を未然に防ぐことがより重要であることは当然であるが、万一事故が起こってしまった場合でも、最低限乗員の人命を守る車両構造の設計は、死傷者を減らすために不可欠である。また、最近では乗員の受傷軽減と同時に乗員の救出・救護がスムースに行えるための技術開発も進んでいる。さらに、事故の相手方にあたる歩行者や二輪車乗員の受傷軽減や保護に対しても、十分に配慮した車両設計が急速に進んでおり、たいへん好ましいことである。

一般に衝突安全は「傷害軽減」と「被害拡大防止」の二つに区分してとらえられている。自工会や本田技研工業のホームページには、それらがわかりやすく紹介されている。

それによると、傷害軽減とは、衝突に備えた「ボディ構造」や「車内の乗員保護装置」によって、衝突の衝撃を緩和させる車両設計である。まず、ボディ構造については、衝撃を吸収・分散させるとともに強固なキャビンで乗員の生存空間を確保させるための技術開発が行われている。最近では、歩行者や相手車両への被害を低減させる工夫も進んでいる。

また、車内の乗員保護装置としては、エアバッグやデュアルエアバッグ（運転席・助手席の両方にエアバッグを装備）、シートベルト着用率の向上をめざしたシートベルト非着用警報装置、衝突時にシートベルトの拘束力を一定レベルに保ちながら少しずつ緩めることによって胸部に加わる衝撃を緩和するシートベルト・フォース・リミッター、衝突時にシートベルトを瞬時に巻き取り上体の前方移動を素早く抑えてその効果を高めるシートベルト・プリテンショナー、車両構造の強化としてドア内部に補強材を組み込んで側面からの衝撃に備えるサイドドアアビームなどが代表的である。

シートベルトの着用は時速三〇キロ台の低速走行であれば、衝突の際に顔や胸がハンドルに当たるのを防ぎ有効であるとされるが、時速五〇キロ以上の高速走行になるとシートベルトのみでは、顔面や胸部をフロントガラスやハンドルに強打することが避けられないとされている。したがって、高速での衝突の場合に人命を守るためには、シートベルト着用に加えてエアバックの装着が不可欠となる。

次に、衝突後の被害を最小限に留めるために設計された被害拡大防止策は、次の三点である。
①車両火災の発生を抑える――室内に難燃材を用いたり、事故時の燃料漏れを防止することにより火災発生を抑える

② 脱出・救出しやすくする――設定値以上の衝撃を感知した場合には、ドアロックを解除するなど、事故後の素早い対応を可能にする

③ 通報を支援する――カーナビゲーションシステムを活用して、緊急時における医療機関への通報を容易にする

なお、自工会ホームページに示されている車両生産台数ベースで装備率を見ると、横転時に燃料漏れを自動的に防ぐロールオーバーバルブ、大型・中型車への追突事故の被害を軽減する後部突入防止装置とサイドドアビーム、シートベルト非着用警報灯については、装備率が一〇〇％となっている。エアバッグ（九八・六％）、シートベルト・プリテンショナー（九八・二％）などもきわめて高い装備率となっている。

わずか一〇年ほど前までは、わが国で製造された自動車のエアバック装着率はきわめて低く、一九九四年発売の新型車ではわずかに一〇％程度（それも運転席のみ装着）であった。さらに問題視すべきこととして、車両構造に関する日米の安全基準が異なることを理由に、日本の自動車メーカーは対米輸出向けの車両にはエアバックを装着しているが、国内向けのものには装着していなかった（日本放送協会、一九九四）。コストを重視し、安全性を軽視する経営姿勢がわずか一〇年ほど前までまかり通っていたといえる。しかし、わが国においても、一九九五年より新型車の衝突テストが実施され、その結果は自動車アセスメントというかたちで公表される

ようになり、安全車両への意識変革が急ピッチで進んだ。

さらに最近では、アクティブ・セーフティーとパッシブ・セーフティーを融合し、事前に衝突を予知し、衝突被害を軽減する「プリクラッシュ・セーフティー」の思想を取り入れた自動車製造が行われ始めている。衝突予知による衝突被害軽減システムとは、ミリ波レーダーが衝突物の位置、距離、速度等を検知し、衝突不可避と判断した場合に、次の三つが自動的に作動するシステムをさす（トヨタ自動車・ホームページ）。

① 衝突前に運転席・助手席のシートベルトを巻き取り、乗員の初期拘束性能を高める。
② ペダルの踏み込みと同時に素早くブレーキアシストを作動させ、衝突速度を低減する。
③ ブレーキが急速度で踏み込まれた場合にも、運転席・助手席のシートベルトが巻き取られる。

人体FEモデル

衝突時の車両の安全性や乗員に対する保護装置の効果を測定するためには、衝突実験を通して傷害の程度を再現して分析する必要がある。また、傷害発生のメカニズムを把握できれば、診断治療を行う上でも有益である。このように、人体の傷害発生メカニズムが解明されれば、衝突安全対策と交通事故傷害治療において大きな貢献が期待される。

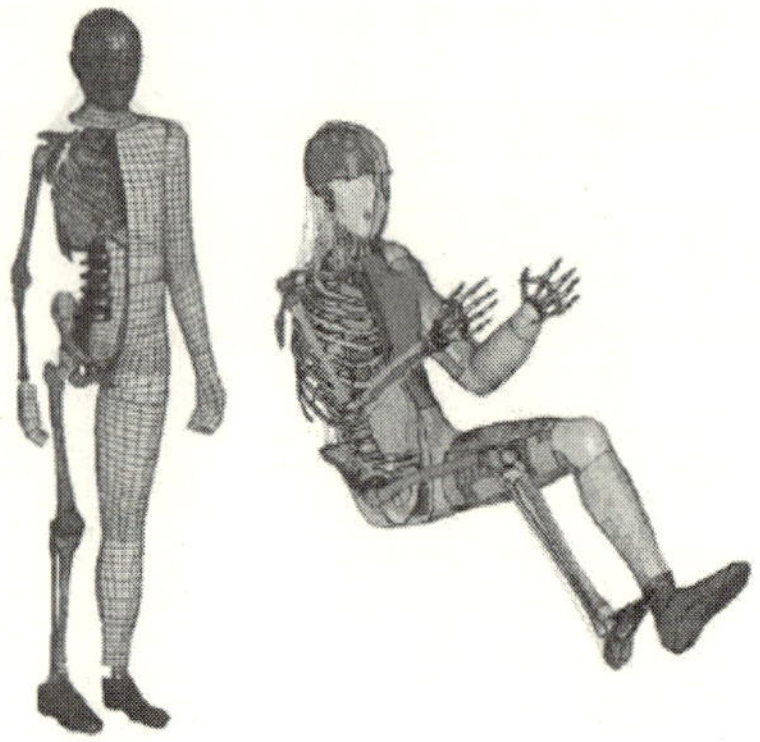

出所：http://www.jama.or.jp/safe/safe_eco/safe_eco_15_g01.gif

図 4.2　人体 FE モデル

人体ＦＥモデル（図４・２）とは、こうした基礎研究において用いられるモデルであり、ＦＥ（Finite Element）とは、全体を多くの限りのある大きさの要素に細分化し、それぞれの要素の特性を組み立てて全体を分析する方法（有限要素法）である。すなわち、このＦＥモデルを人体に限りなく類似させることによって、衝突安全対策に関する有用なデータが得られるというわけである。現在、各自動車メーカーの研究部門では、最先端の研究が展開されている。

とくに高齢ドライバー向きの安全車両の設計においては、人体ＦＥモデルから加齢にともなう身体特性の変化を見いだすことがもっとも効果的であると考えられている。

また、歩行者・自転車の事故における傷害発生メカニズムの研究も、この人体FEモデルから行われている。人体特性が詳細に明らかにされ、より精緻な人体FEモデルが構築されれば、事故状況に近い状況を再現することを通して、歩行者・自転車への被害を最小限に止める車両設計ができると期待されている。

福祉車両

身体障害の有無や年齢などに関係なく、万人に使いやすい建物設計や製品デザインを行うことを「ユニバーサル・デザイン」という。今後の街づくりや製品開発には欠かせない条件になるといわれる。駅や公共機関などのユニバーサル・デザイン化は、交通バリアフリー法の制定（二〇〇〇年）によって一段と進んだ。それにともない、福祉車両の販売台数も急速に増えている。自工会によれば一九九六年度には九〇〇〇台に満たなかった販売台数が、二〇〇三年度には約四万二〇〇〇台へと大幅に増加しているという。この理由として、必ずしも社会福祉施設などの送迎用バスや交通バリアフリー法による低床型路線バスへの切り替え需要ばかりでなく、個人ユーザーによる購入が増えているためと考えられている。

福祉車両の種類としては、「自操式」と「介護式」の二つに分けられ、自操式は身体の不自由な人が自分で運転するための車、介護式は身体の不自由な人の介護や送迎に利用できる車とされている。業界最大手のトヨタ自動車では、四九車種一〇六タイプの福祉車両が生産され（二〇〇四年四月末）、ホンダでも手を使わず足だけで運転できる車が開発されている。公共交通機関向けの福祉車両としては、車内に段差がなく車いすごと乗り込める「低床バス」や「リフト付きバス」などが徐々に導入され始めている。

福祉車両はオーダーメイドで生産されるため、生産コストがかかり、必然的に販売価格も割高となる。しかし、個人で購入する場合には大幅に自動車取得税が減額され、また福祉車両を導入する公共交通事業者や福祉サービス事業者などに対しても、さまざまな支援措置が施されている。たとえば、バス事業者がノンステップバスやリフト付きバスを導入する場合や、ハイヤー・タクシー事業者がリフト付き車両を導入する場合、リフト等の設備相当分は非課税となる。移送サービスをはじめとした、高齢者や身体障害者への福祉サービスを提供する社会福祉法人などが福祉車両を導入する場合も、一定の条件を満たすことによって、消費税の非課税化、自動車取得税、自動車税などの減免措置が受けられることになっている。

購入車両の小型化

図4・3、図4・4、および図4・5は、国内大手自動車メーカーによる一年間（二〇〇五年七月〜二〇〇六年六月）における年齢段階別にみた小型車、全車種、および軽自動車の販売台数である。全車種でみれば三〇歳代の人の車購入も多いが、小型車と軽自動車の購入についてみる

と、圧倒的に五〇歳以上の人が多く、若年・中年の人たちのほぼ二倍になっている。

高齢者の小型車志向が明確に読みとれる。小型車は小回りが利き、遠出をせずに自宅周辺で用事をすませることの多い高齢者にとってはたいへん便利である。一方、大型車は小回りが利かず、高齢者には扱いが厄介であるため歓迎されていないとみられる。

車種の選定には、家族構成と地域性が影響しているといわれる。とくに地方では、一世帯で複数台の車を所有することが多いため、セカンドカーとしては小型車が選ばれることが多くなっている。また、近年増加している女性ドライバーも小回りが利き、買い物などに便利な小

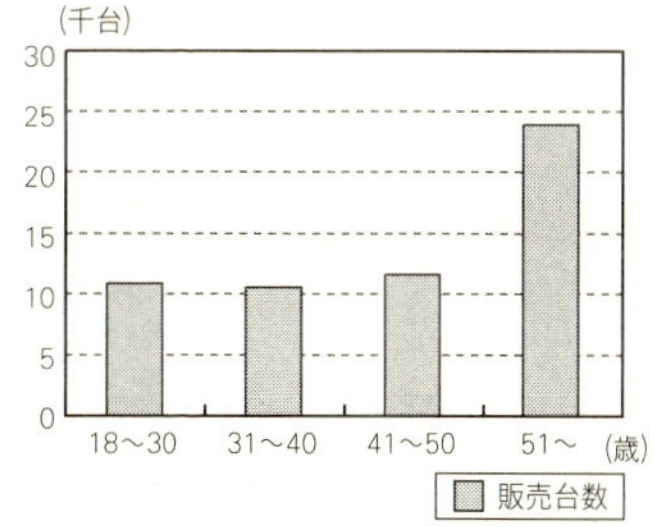

出所：国内大手自動車メーカーからの提供資料

図 4.3　年齢段階別販売台数（小型車）

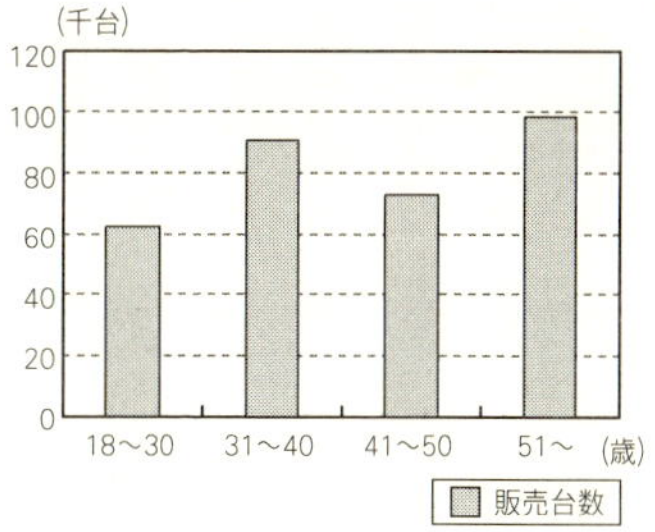

出所：図 4.3 に同じ

図 4.4　年齢段階別販売台数（全車種）

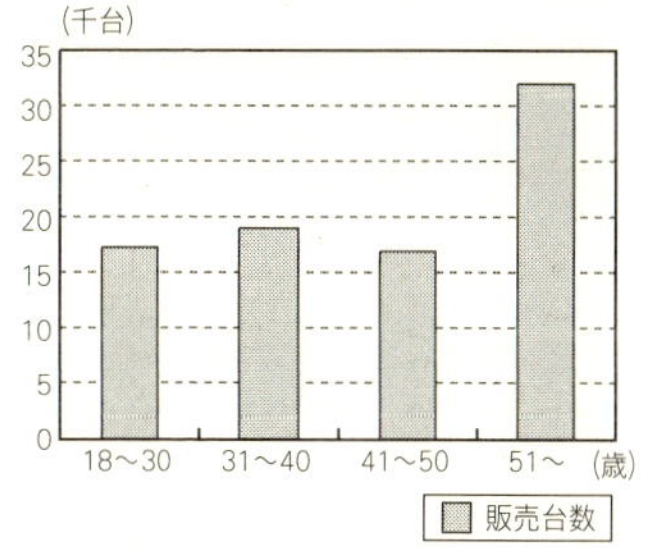

出所：図 4.3 に同じ

図 4.5　年齢段階別販売台数（軽自動車）

型車を好む傾向が強いとされる。

図4・6では、都市規模別に見た軽自動車の保有台数構成比が示されている。それによると、人口一〇万人未満の市、および郡部での軽自動車保有率が非常に高いことが見てとれる。こうした地域では、日常生活を営むうえでマイカーが不可欠であり、そのため一世帯で複数台の車を保有することも少なくない。加えて高齢化率が都市部よりも高く、所得格差などの要因も相まって、普通車よりも低価格で購入できる軽自動車が利用されているとみられる。また、軽トラックの利用率がきわめて高いのは、農作業の手段として用いられているためと考えられる。

このように小型車や軽自動車は、主に高齢者やルーラルな地域に住む人たちに

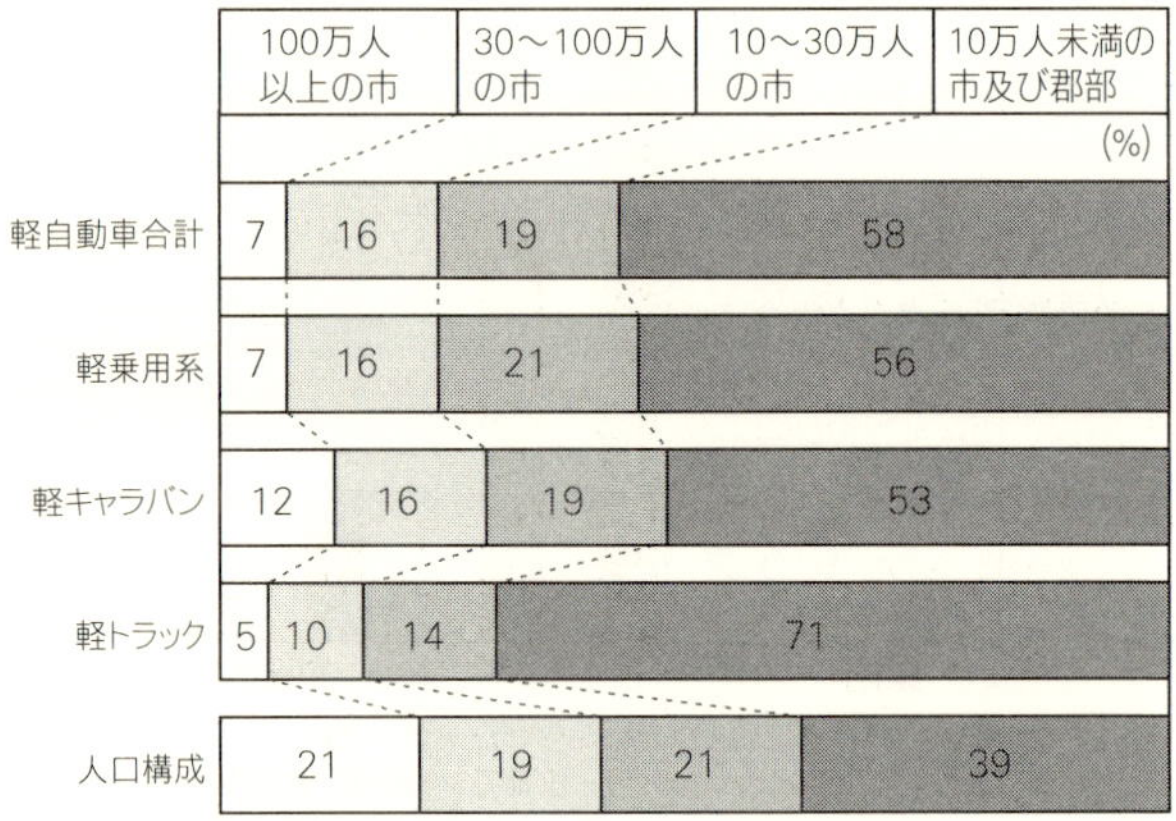

出所：(社) 全国軽自動車協会連合会 (2003年3月末)／住民基本台帳調査 (2003年3月末)
(http://www.jama.or.jp/lib/jamareport/096/03.html)

図 4.6　軽自動車の保有台数構成比 (都市規模別)

よって利用されていることが明らかにされた。一般に小型車や軽自動車はボディ剛性がもろく、衝突時の安全性に問題があると考えられているため、この点はたいへん懸念される。

　しかし、近年小型車や軽自動車に対しても安全設計技術が施され、ボディサイズによる安全性の違いは、あまり差がなくなったといわれている。少なくとも小型車については、普通車に比べてトランクが小さめである以外は、安全装備は同じであると自動車メーカー関係者は説明している。一方、軽自動車の場合は、普通車とは安全基準が異なるため、まだ十分な安全

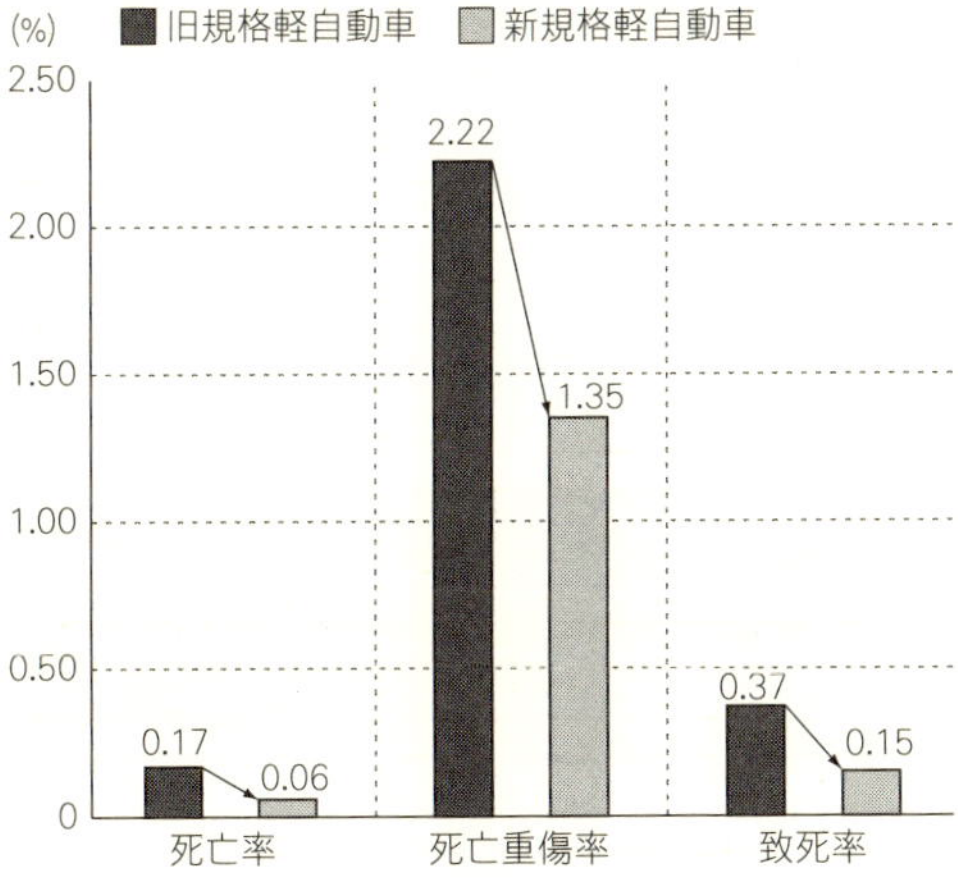

注：1 死亡率＝死者数／事故に関与した人数×100
　　2 致死率＝死者数／（死者＋重傷者＋軽傷者）数×100
出所：交通事故総合分析センター『新規格軽自動車の衝突安全性向上』
（http://www.jama.or.jp/safe/safe_eco/safe_eco_10.html）

図 4.7　新規格・軽自動車と旧規格・軽自動車の衝突安全性比較

設計がなされているとはいえないが、軽自動車の新・旧規格間で衝突安全性を比べてみると、死亡率、死亡重傷率、および致死率のいずれにおいても新規格車の安全性が格段に高まっていることがわかる(図4・7)。この理由は、一九九八年に旧規格車両と比べて全長を一〇〇ミリ、全幅を八〇ミリ拡大するという規格改正が行われ、車体が大きくなった分の大半が安全性向上に使われたためと説明されている。

小型車両の衝突安全性能の向上は、高齢者や地方で生活する人々にとってたいへん好ましいことであり、今後さらなる技術開発が望まれる。

第5章　〝ギブウェイの心〟で日本社会が変わる

交通は社会の縮図

交通場面ではきめ細かな「交通規則」が整備されており、これを守らない人にはペナルティーが科される。これは、われわれの暮らす一般社会が「法律」によって制御されていることとよく似ている。交通場面では、皆目的をもって行動しているため、一人ひとりが自分勝手な行動をとると収拾がつかなくなる。それゆえに、他の車や歩行者、自転車に対する一定のルールが必要なのである。

しかし、実際にはわたしたちの暮らす一般社会は、必ずしも法律や規則によってすべてが制御されているわけではない。法律や規則は、わたしたちの行動の大枠を規制しているにすぎず、それらが入り込めない網の目部分が、いたるところに存在している。網の目部分の人間行動を制御しているものは、他人に対する配慮の気持ちにほかならない。多くの人が、日々の生活のなかで法律や規則を意識しなくとも、円滑な社会生活を営める理由は、他人に対して一定の配慮があるからである。人は社会生活の場面では、自分の気持ちに抑制をかけ、本来の姿にベールを着せている。他人と個人的な接触をもつ場面において、多くの人は社会的に秩序づけられた行動様式をとっている。

こうした行動様式は、そのまま交通社会における人間行動にも当てはまる。運転行動を含めたあらゆる交通行動の基本は、社会行動のあり方としてとらえられ、それゆえに「交通は社会の縮図である」といえるのである。

「車を運転すると人が変わる」ということがよく言われるが、その理由は、交通規則が行き届かない交通社会の網の目部分において、抑制のベールがはがれやすいからである。たとえば、強い抑圧が効いている職場では模範的な行動をとっている人が、人気の少ないところで運転をすると、抑圧のベールがはがれ、窓から飲み物の空き缶を放り投げたりするかもしれない。その場合には、職場での姿は偽物であり、空き缶を放る姿がこの人の真実の姿なのである。そして、真実の姿はいずれ職場でも馬脚を現すことになる。

自動車の運転中に抑制のベールがはがれやすい理由について、長山(一九七九、一九八九)の文献をもとに整理すると次の三つにまとめられる(所、一九九七)。

① 車の運転には、匿名性という特徴が出やすい。お互いに瞬間的にすれ違うだけの関係であるため、個人同士の接触の形は歩行の場合とは異なる。匿名的事態では自分を飾る必要はなく無責任となり、他人に対して粗野になりやすい。

② 車の中は外界と遮断された閉じられた空間である。したがって、他人にコントロールされることなく、自分の思い通りに動く物体を支配することができるまさに独裁者の心理と似た状態になる。さらに歩行者や他の車両を見下ろすことのできる大型車両の運転席にすわると、優越感と自信の感情が強くわき起こる。

③ 車の運転でスピードと振動が結びつくと、人は原始的心性に戻り、理性の抑圧から解放され、衝動的側面が強く出る。

かつてティルマン（Tillman, 1949）らが、“A man drives as he lives.”（人は日々の生き様そのままに運転する）と述べたように、抑圧のベールがはがされたとき、その人のもつ本来の姿が運転行動に表れることになる。

一時停止の奥義は“ギブウェイ”

運転の基本は愛他精神であるという考え方がイギリスには伝統的に存在する。イギリスでは一時停止の標識は「とまれ（Stop）」ではなく、「相手に道を譲れ（Give Way）」と標示されている（写真5・1）。交通行動としては、日英ともいったん止まるという点では同じであるが、相手に道を譲るために自分が止まるということを意味する〝ギブウェイ〟の標識は、安全運転にもっとも必要なことは他人への配慮であることを強く訴えているといえる。

イギリス国内では、〝ギブウェイ〟の標識が写真5・2のような交差点左脇でよく見かけられる。日本ではほとんど見られないロータリーを囲む形の交差点は、イギリスではラウンダバウト（Round-about）と呼ばれ、数多く見られる。ここでは、すでにロータリーを回っている車に優先権があり、これからロータリーを回る道路に入ろうとする車は一時停止しなければならない。すなわち、優先権のある車に対して道を譲るために一時停止し、これ通り過ぎるのを待たなければならない。これ

写真 5.1 “ギブウェイ”の道路標識

がいわゆる〝ギブウェイ〟である。

注目したい点は、イギリスでは車と車の交差点の場合、かなりの交通量があっても信号機がなく、〝ギブウェイ〟の標識一つで交通を制御している点である。ちなみに日本国内の道路の場合、写真5・2のような中規模交差点では、必ず信号機が設置されていると言っても過言ではない。信号機があれば一見安全に思われるが、無駄な停止時間が発生する場合もある。そのため、それを避けるために信号の変わり目（たとえば黄信号時）にアクセルを踏み込み、交差点を強行突破する車が後を絶たない。これは逆に危険である。これに対して、イギリスの交差点のように信号機を設置せずに〝ギブウェイ〟の標識一つで制御すれば、無駄な停止時間が発生することはなく、スムースに車が流れ、渋滞は起こりに

写真 5.2　イギリス国内のラウンダバウトと“ギブウェイ”の道路標識

くくなる。

しかし、見落としてはいけない点は、人と車が交差する場面では、たとえば写真5・2の奥のように短い横断歩道であっても信号機が設置されている点である。このラウンダバウトは、車よりも歩行者を優先する考え方が鮮明に現れている象徴的場面であるといえる。すでに第4章で紹介したように、イギリスではロードハンプや車両進入禁止ポールなどが設置され、歩行者の安全を守るために車には厳しい態度で臨んでいる。交通弱者である歩行者を優先し、車同士は〝ギブウェイ〟の心で行き交うイギリスの交通システムは、「交通は社会の縮図であり、すなわち共存のシステムである」ことを見事に示しているといえる。

こうした〝ギブウェイ〟の心は、イギリスの交通における小さな対人関係場面にも現れている。たとえば、朝夕の道路混雑時に路地から本線に合流したいような場合、日本では合流することはきわめて難しいといえる。なぜならば、本線を通行するドライバーに〝ギブウェイ〟の心をもつ人がほとんどいないからである。しかし、イギリスでは合流することがそれほど難しくはない。にこやかに手招きし間に入れてくれることがしばしばある。さらに路地から本線の反対車線に合流したい場合でも、イギリスのドライバーは合流させてくれることが珍しくない。日本ではほぼ不可能ともいえる合流が、イギリスで可能であるのは、まさに〝ギブウェイ〟の心があるか否かに尽きるといえよう。日本のドライバーは〝ギブウェイ〟ではなく、〝Give me the Way〟(私に道を譲れ)で走行しているように思える。

さらに、日々のささやかな対人関係場面においても、イギリス人の行動のなかに〝ギブウェイ〟の心を垣間見ることができる。たとえば、大学図書館のドア開閉の際に、自分に続く人があればドアを押さえてその人に対して配慮を施すという行動がイギリス人学生には徹底している。後に続く人が見ず知らずの人であっても、こうした行動が自然に行われている。そして、親切を受けた人と施した人との間に“Thank you”, “welcome”という短い会話が微笑みを交えながら交わされる。これは、ささやかな〝ギブウェイ〟の心がもたらした、すばらしい交流の瞬間といえる。これに対して、われわれ日本人や中国人などの場合には、自分の親しい友人が後に続く場合のみ、こうした行動がとられることがある

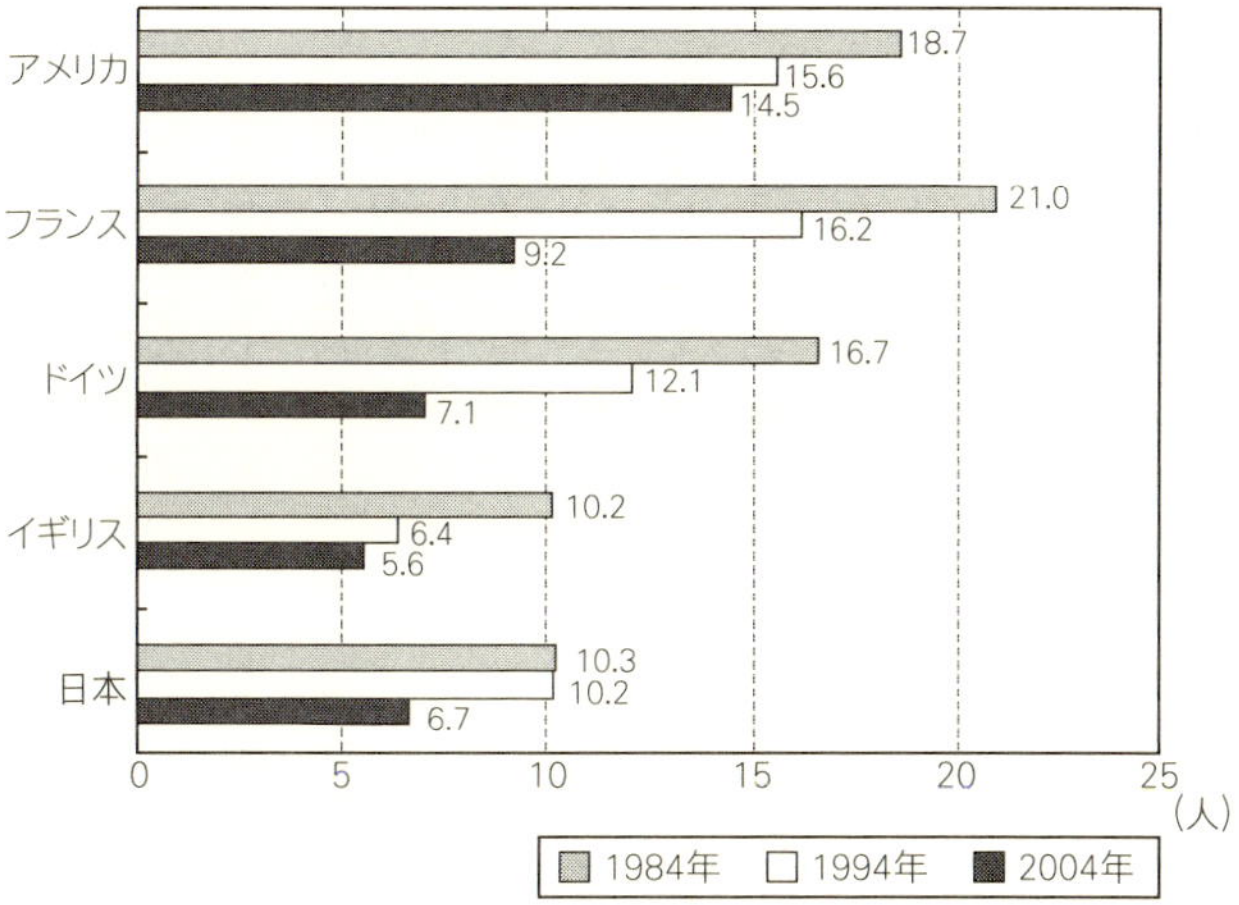

出所：総務庁（1985, 1995），内閣府（2005）より作成

図 5.1　人口 10 万人あたりの交通事故死者数比較

が、通常はほとんど見られない。

筆者の一年間にわたるイギリス在外研究期間中での体験から、イギリス社会に広く浸透している〝ギブウェイ〟の心について、いくつか事例を紹介してきたが、紹介した事例はいずれも匿名的事態での行動であることを強調しなければならない。匿名的事態では自分を飾る必要はないため、その人のもつ本来の姿が表れやすいことをすでに述べたが、そうした事態でも多くのイギリス人に〝ギブウェイ〟の心に基づく行動がみられることは注目される。イギリス人の多くが〝ギブウェイ〟の心をもって他人に接しているということは、イギリスの交通社会、さらには一般社会に対してよい効果がもたらされると考えられる。ちなみに、図5・1は欧米主要国と日本に関して人口一〇万人あたりの交通事故死者数を過去二〇年間にさかのぼって時系列比較したものである。イギリスの低い事故死者数が目をひく。その背景には、〝ギブウェイ〟の心が存在していることを示唆することができる。

イギリスではなぜ〝ギブウェイの心〟が浸透しているか

イギリスの道路は、進行方向に向かって車両が左側通行する。その点で日本と一致する数少ない国である。そのため日本と共通する交通システムも少なくない。しかし、決定的な違いは交差点での〝ギブウェイ〟である。イギリスでは相手に対する譲り合いの精神が浸透しており、この背景とこうした態度の醸成について、今後わたしたち日本人研究者は検討する必要があるといえる。なぜならば、この点は日本の交通社会に欠如している点であるからである。イギリスにおいて〝ギブウェイ〟の精神が浸透している背景として、在英中筆者は次の二つを考えた。

① キリスト教の博愛主義

② 成熟化・老成化した国家に到達するまでの長いプロセス

以下に筆者の考えを述べてみたい（所、二〇〇四b）。

キリスト教の博愛主義

多くの人に広く薄く愛を施すキリスト教の博愛主義の精神が、交通場面での小さな出会いにおいて、〝ギブウェイ〟の行動を引き起こしているのではないかと考えられる。また、とりわけ英米文化圏において、ボランティア活動が活発に行われているのも、キリスト教の博愛主義によるものと思われる。

ボランティア活動が最初に行われたのは十七世紀のイギリスであるとされ、また貧困に苦しむ人たちのための福祉事業に最初に取り組んだのも十九世紀後半のイギリスの上流階級の女性であったといわれる。独立戦争以前のイギリス植民地時代のアメリカでも、イギリスの宗教団体や篤志家によって慈善事業が行われ、それが今日のアメリカ社会におけるボランティア活動につながったとされる。これらは伝統的にイギリス社会に根づいていた純粋なキリスト教の博愛主義に基づくものと考えられている。

これに対して、日本、中国、韓国といった東アジア諸国は「儒教文化圏」である。儒教文化圏の共通性として、親、兄弟、恩師、仲間など身近な人に対しては全面的な人間関係を構築して、密度の濃い相互扶助を施し合うことがあげられる。しかし、関係の薄い人に対しては冷たく振る舞うという特徴を併せ持っている。それゆえ、交通場面での見知らぬ一見《いちげん》の人に対して配慮を施すようなことがあまりないように思える。ここに博愛主義との大きな違いが見いだせる。

イギリスの著名な日本研究者であるドーア（Dore, 2002）は、日本、中国、韓国をはじめとした東アジア諸国には、欧米のキリスト教的文化とは異なる儒教文化が根強く残っていることに注目する。かつての日本的経営の象徴とされた経営家族主義なども代表的な儒教文化の産物であるといえる。なぜならば、キリスト教徒は神（God）との関係で個人を考えるが、儒教徒の場合は、個人と自分をとりまく重要な他者（significant others、親・教師・職場の上司など）との関係をとりわけ重視するからである。そして、自分をとりまく重要な他者との間に成立する全面的な人間関係はグアンシー（guanxi）と呼ばれ、儒教文化圏における独特な社会慣行を形成したと指摘されている（Bian & Ang, 1997）。かつての日本における職場の同僚との全面的人間関係もそのひとつであるといえる（Tokoro, 2005）。

陳腐な和洋比較文化論のひとつに「日本人は集団主義であるのに対して、欧米人は個人主義である。日本人は仲間を大切にするが、欧米人は自分勝手である」というものがある。すべてを否定するわけではないが、これにはたいへんな誤解があることを指摘したい。

すでに述べてように日本人の集団主義は、同じ組織に所属する仲間、あるいは親しい間柄の仲間に対してのみ適用され、赤の他人に対して仲間意識が生まれることはほとんどない。また逆の見方をすれば、日本人には仲間意識をもてるような特定の人を絶えず求めている性質があるように思える。そして、ひとたび仲間が形成されると全面的な人間関係を築き、集団行動をとるようになる。

これに対して、イギリス人はたしかに集団で連れだって行動することは少なく、一人ひとりの自我が強いように思える。ここに「厳格な個人主義」(Rigid individualism)を認めることができる。しかし、仲間と非仲間をはっきりと区別する日本人や中国人と異なり、自分の周りにいる人間と細く広範囲につながっているといえる。それゆえに、大学図書館のドア開閉の際に自分に続く人があればドアを押えてその人に対して配慮を施すという行動がイギリス人学生には徹底しているように思える。

成熟化・老成化した国家に到達するまでの長いプロセス

イギリスは近代化の歴史が古く、ゆっくりと時間をかけて今日の成熟社会を築き上げてきた。これはイギリスのみならずヨーロッパ先進諸国にある程度共通していえることである。欧州先進諸国が近代化の過程において数々の過ちを犯し、他の民族、国家を不幸に陥れた歴史を併せ持っていることについては、あらためていうまでもない。しかし、それらを乗り越えて、ギラギラとした競争主義により自分だけが豊かになることよりも、社会全体としての共生、共存の重要性を見いだす価値観を長い年月をかけて醸成したのではないかと思える。

これに対して、日本の近代化の歴史はイギリスと比べれば明らかに短く、産業革命が行われたのは実に一〇〇年以上後のことであった。そして、二十世紀の一〇〇年間で日本は一気に経済大国化した。日本の物質的な生活水準は、すでにイギリスを完全に追い越しているといえる。首都ロンドンの街並みを歩いている人たちと東京都内を歩いている人たちとを比べてみたとき、身なりや持ち物においては東京の人たちの方が裕福であることは、誰の目にも明らかである。しかし、わが国の物質的な成長のテンポが早過ぎたため、精神的成熟がそれに見合う水準に達していないように思える。すなわち、日本人には、依然としてギラギラとした競争主義が残っており、イギリス人のような老成化した成熟レベルにはまだ到達していないということである。

イギリス人は家や身の回りの持ち物など古いものを大切に使う習慣がある。大多数の市民の日々の生活はすこぶる質素である。「日本で平均的な年収の人が、日本でイギリス人のような生活をすれば、一生涯の間に家を三軒建てられる」といった話をかつて聞いたことがある。イギリスの大学教員の平均年収はおよそ三万ポンド（約六六〇万円）であるという話も聞く。イギリスでは医療費、教育費が原則無料であるなどさまざまな面で日本より優れた社会保障制度が備わっているとはいえ、この賃金相場はかなり低いといえる。そして、イギリス国内の市民生活に関わる物価もけっして安くはなく、日本人の感覚からすればむしろ高いように感じる。したがって、生活を質素にせざるをえない必然性があることも理解できる。

しかし、人間は「衣食住」が充たされ、病気のときに医者に診てもらえれば、とりあえず生きていける。そして、子どもの場合はこれに「教育」を受けることが重要である。イギリスではこうした側面を手厚い社会保障制度でケアしている。すでに紹介したように医療費と教育費は原則的に無料であり、衣食住についてもぜいたく品には高い税金が課されているが、生活必需的なものの価格は低く抑えられている。すなわち、贅沢をしなければ物質的にも十分に生活ができる社会システムが整備されている。

イギリス人の多くはこうした社会システムを受け入れ、「金持ちになろう、出世をしよう」といったギラギラとした競争意識があまりないように見受けられる。年金暮らしのお年寄りのなかには、生活基盤が国家によって保障されているため少しでも社会のために力を尽くそうとボランティア活動に取り組む人が少なくない。自分だけが豊かになることよりも、社会全体としての共生、共存を重視する価値観によってもたらされた行動であると理解できる。

これに対して日本人の場合、金持ちはさらに金儲けをしようとし、社会的地位を獲得した人でもさらに出世をしようと考える人が少なくない。金はいくらあっても邪魔になるものではなく、どうせ働くならばボランティアよりも報酬がある仕事を望む高齢者が多いように見受けられる。ここに長い年月をかけて醸成されたイギリス精神文明との違いが見いだせるように思える。

たしかに、日本人のなかにギラギラとした競争主義の価値観が残っているゆえに、日本経済の活力が維持されているともいえる。一方、すでに老成化しているイギリス人には、そうしたバイタリティーが不足しているため、経済が活性化しないのかもしれない。そのうえ、イギリス社会では、日本社会にはない複雑な問題もかかえており、けっしてユートピアではないことも強調しておきたい。交通に関しても、イギリスでは駐車中の自動車のフロントガラスがハンマーでたたき割られたりすることが時々起こっている。少なくとも日本では、こうしたことはほとんど起こらない。最近は日本でも格差社会、階級社会ということが声高に叫ばれ始めているが、イギリスには厳然とした階級社会が存在する。社会生活でのさまざまな場面において階級間格差は大きく、それがイギリス社会に重くのしかかっていることも付記しておきたい。

交通社会が変われば日本が変わる

本書の最終節では、超高齢社会を生きるための新しい社会観、ならびに高齢者の新しいライフスタイルについて考えたい。あわせて、車が生活の命綱となっているわが国の地方社会の今後のあり方についても考えてみたい。

二〇二〇年頃には二〇〇〇万人近い高齢者が自動車の運転をする可能性があり、わたしたちは従来の車の利用法とは異なる、新たな交通社会を構築していく必要がある。それは、これまでの常識を覆すドラスティックな変革となるはずである。まず国民全体の意識が変わることによって、同時にライフスタイルや街づくりにも大変革が及んでいくことが期待される。「交通社会が変われば日本が変わる」というのは、こうした理由によるものである。

超高齢社会を生きるための新しい社会観(1)――ギブウェイ

本章では、イギリスの交通社会に深く浸透している〝ギブウェイ〟の社会観を紹介してきた。イギリス社会にこうした社会観が備わる背景には、長い年月をかけて醸成された文化的・歴史的風土が深く関わっている。すでに超高齢時代に突入しているわが国社会が、新たな価値観、社会観を構築しなければならないことについては論をまたない。わたしたちは今、イギリス社会に深く浸透している〝ギブウェイ〟の社会観をぜひとも導入していく必要があるといえる。その理由は、高齢時代を生きる価値観としては、競争による個人主義よりも、老成化した共存主義の方が好ましいように思えるからである。

車を運転するときには、当然ながら目的地があり、できるだけ早く目的地に到着したいと誰もが考える。そのため、先急ぎ欲求が頭をもたげ、〝ギブウェイ〟ではなく、〝ギブミーザウェイ〟で走行しがちになる。これは他者（車）への配慮を欠く、自分勝手な行動にほかならない。老化にともない運転操作を手際よく行えない高齢ドライバーが増え続けている交通社会において、他者への配慮を欠く自分勝手な運転をしているドライバーが依然として数多くいることは、大きな問題である。

交通社会での基本的な態度として〝ギブウェイ〟が徹底し、道路利用者間で親切を受けた人と施した人との間に〝サンキュー〟〝ウェルカム〟といった気持ちの交流が芽生えれば、事故は大幅に減るにちがいない。それは、〝ギブウェイ〟の気持ちがあれば運転に余裕が生じ、十分な安全確認ができるからである。先急ぎ欲求が強い〝ギブミーザウェイ〟で走行しているかぎり、見落としが生じ、さらに相手を危険な状況に陥れることにもなりかねない。このように、〝ギブウェイ〟の気持ちをもつことは、高齢ドライバーに対してだけでなく、すべての道路利用者の安全にとって効果的であるといえる。

現代の日本社会ではほとんど失われてしまっている〝ギブウェイ〟の心が、明治時代以前において、すなわち西欧文明が日本に本格的に紹介される以前に、局所的ながら日本社会に芽生えていたことを思い起こしたい。鎖国によって国際社会から隔絶していた江戸時代の日本は、西欧諸国の科学技術の発達からは取り残されたが、数々の奥行きの深い日本固有の文化が発達した。その一つである「江戸しぐさ」は、江戸商人が日々の生活のなかで円滑な人間関係を築くために生み出した貴重な文化遺産であるとされる。

江戸しぐさ語りべの会を主宰する越川氏によれば、江戸しぐさの一つである「こぶし腰浮かせ」とは、乗合の船などで後から乗り込んできた人のために、皆がこぶし一つ分ほど腰を浮かせて詰め、席を譲ろうというものである（越川、二〇〇六）。これはまさしく〝ギブウェイ〟の心そのものにほかならない。乗合の船は当時の代表的な公共交通機関であり、そうした場面において〝ギブウェイ〟の心が芽生えていたことはたいへん注目される。また、「うかつあやまり」は、足を踏んだ方だけでなく、踏まれた方も「こちらこそうっかりして」と謝ることをいう。これは、〝サンキュウ〟と〝ウェルカム〟のやりとりと似ている。

江戸時代には大阪方面から多くの商人を江戸に呼び寄せる政策がとられたため、大都市江戸の下町は現代の東京よりも人口密度が高く、商人比率は実に八割近かったといわれる。儒教文化が深く浸透し、さらに身分制度が存在した階級社会の下で、当時の商人同士が共存・共栄していくために、こうした文化が自然に芽生えていったといえる。

〝ギブウェイ〟の心の日本版ともいえる江戸しぐさの心は、交通社会ばかりでなく、日本の超高齢社会のさまざまな場所で生きるわたしたちにとって必要なことである。江戸しぐさの心が、西欧文明が紹介される以前の日本固有の文化のなかで育まれていたことを思い起こし、わたしたちの新しい社会観として、現代の日本社会に復活させたいものである。それによって、超高齢社会のさまざまな側面に変革がもたらされることを期待したい。

超高齢社会を生きるための新しい社会観⑵――プロダクティブエイジング

超高齢時代を生きる高齢者たちは、「自立し生産的な高齢者」となることを目標とし、中年の時期を人生の終わりまで引き延ばすことを理想としている人が少なくない。老年研究においても、老年期にこうした生き方をすることが「幸福な老い」(Successful Aging)と考えられ、これまで推奨されてきた。それゆえに、いきいきとはつらつとした生き方を求めて、六五歳以降もいろいろなことにチャレンジする高齢者が多いわけである。一年でも長く運転することを希望する高齢者が多いことも、中年期の生活をそのまま継続したいという気持ちの表れとみられる。

しかし、超高齢時代が進むにつれて、身体的に障害をもち、自立し生産的な生き方ができなくなる高齢者が増えている。介護を受けるようになると「自分は〝サクセスフル〟でない」と感じ、人生の最終段階を失意のうちに過ごす高齢者が増えていることも事実である。運転免許を返上し、運転を断念することは、〝サクセスフルエイジング〟からの脱落であると考える人が少なくない。筆者は、このような〝サクセスフルエイジング〟の功罪をふまえ、健康を失った高齢者でも幸福を感じることができる社会観をつくり上げるべきであると思う。

それは、「危ないから運転はやめよう」といわれたとき、それを素直に受け入れられるような社会観であると思う。すなわち、他人との間に「自分がその人を必要とし、またその人も自分を必要としている」という関係をつくることが幸福につながるという社会観である。仮に寝たきりの高齢者であっても、その人を絶えず気遣う人が存在し、その人もまた相手を気遣う関係ができていれば、幸福といえるのである。こうした社会観は、〝プロダクティブエイジング（Productive Aging）〟と呼ばれる。これまで注目されていた〝サクセスフルエイジング〟が、自らアクティブに行動することによって個人的な満足を満たし、それが幸福につながるという考え方であるとすれば、〝プロダクティブエイジング〟は、相手との関係を重視し、お互いに気遣う関係があれば満足感が得られ、幸福感につながるという考え方である。すなわち、〝プロダクティブエイジング〟には、すでに述べた〝ギブウェイ〟の心に通ずるものがある。

運転免許を手放す高齢ドライバーについても、その人の周りにお互いに気遣い合う人がおり、運転を止めた後の生活において支障が少なければ、運転断念ということは、そんなに難しい決断ではないように思える。そのためには、〝サクセスフルエイジング〟とは異なる、〝プロダクティブエイジング〟に基づく社会観を醸成する必要がある。

高齢者の新しいライフスタイル

前記(1)と(2)の社会観が醸成されれば、新しいライフスタイルが構築される可能性も高まってくる。高齢ドライバーが運転免許を更新するときの選択肢は、次の三つになる。

第一は「運転を継続するグループ」である。こうした人たちは、中年期の生活スタイルを老年期に入ってからも引き続き継続することのできる、たいへん恵まれた人たちである。多くの人が理想とする、いわゆる〝サクセスフルエイジング〟のライフスタイルであるといえる。健康を損なわなければ、七〇歳代前半までの平均的高齢者は、今後もこうしたライフスタイルを継続することが十分可能であると思われる。自制した無理のない運転を心がけることにより、安全運転は十分可能であるといえる。とくに地方で生活する人にとっては、これが理想的な選択肢といえよう。

第二は「運転を断念するグループ」である。病気等の理由で、不本意ながら運転免許を手放さざるをえない人たちである。高齢者講習のなかに認知機能検査が導入されることにより、認知症を患っている人に対しては、今後免許取消し圧力が強まっていく。運転免許を持たない人生の選択をする人が、今後は確実に増えるとみられる。免許を手放すことにより生活が不便になるため、なかなか運転断念の決断ができない人も多いと思われるが、「これが、超高齢時代を生きる自分にとってのベストの選択」と思える社会観が築かれることを望みたい。それと同時に、運転を断念した人たちの生活をいちじるしく不自由させるようなことは、絶対にあってはならない。とくに地方で生活する人に対して、免許を手放した後の移動手段の確保は不可欠であり、移送サービスやデマンド交通システムを確立させていかねばならない。

さらに、地方都市の一角に運転をしなくとも生活できるエリア（病院、商店などが徒歩圏にある）を設置し、そのエリアに高齢者用の都市型集合住宅をつくることは、今後の街づくりにおける一案といえる。たとえば、北海道・伊達市ではこうした街づくりを進めており、北海道内はもとより全国からこの地に移住する高齢者が出てきているという。従来の地方都市は、車をもつことを前提に街づくりが進められ、スーパーの大型店や病院は、広大な駐車場を確保しやすい郊外へと移転していった。伊達市の発想はこれとまったく逆であり、生活を営むうえでの施設には車をもたなくても十分にアクセスできるという画期的なものである。超高齢時代には、こうした街づくりが重要になる。このように高齢ドライバーの運転の問題は、街づくりとも密接な関係をもっていることを強調したい。すでに、こうしたエリアで生活している人たちは、無理をせずに早めに運転を断念し、新しい人生を歩んでいくことが望ましい。そうした人たちには、「運転を止めても、こんなに楽しい人生がある」ということを、なかなか決断がつかない人たちにぜひとも伝えていってほしいと思う。

第三は「運転継続に際して経過観察が必要なグループ」である。第2章で述べたように、今後このグループの人たちには交通心理士が介入し、運転継続に対するケアが行われていくものとみられる。たとえば、昼間の時間帯での通院と買い物以外の運転はしないなどの条件を設定したうえで、しばらく運転を継続することになろう。しかし、早晩運転を断念する可能性が強いため、断念後の生活について考え始める必要がある。

おわりに

ダイムラー（Daimler, G.）とベンツ（Benz, K. F.）がガソリンで動く自動車を発明したのは、一八八〇年代であるといわれ、自動車の歴史は、長い人類の歴史からすれば、わずかに一二〇年程度にすぎない。現代社会は自動車をなくしてはもはや成り立たないと言っても過言ではないが、自動車は百数十年前にはまったく存在しなかったのである。とりわけわが国は、欧米先進諸国と比べて自動車文明の普及が遅れており、戦前の自動車保有台数はわずかに一五～一六万台程度であったといわれる。

戦前のわが国における標準的な国民生活では、食料品の購入は行商を利用し、個人の移動手段としては主に自転車が使われていた。都市部ではタクシーやバスなども多少は利用されていたが、ルーラルな地域では、病人が出た時には荷車に布団を敷いて患者を病院へ連れて行く光景がよく見られたという。今年七五歳になる筆者の母親からの話である。

今や世界に冠たる経済大国であるわが国においても、わずか六〇～七〇年前ごろまでは、このように自動車なしの国民生活が営まれていたことを、現代人はあらためて認識する必要があろう。

経済大国化した日本では、多くの国民が自動車を持つことによって、ルーラルな地域に住んでいても、都市型のライフスタイルをとることが可能になった。全国に広がる都市型のライフスタイルは、伝統的な地域文化の多様性を縮小させてしまったといわれる。これは、明治維新後の文明開化によって西洋の優れた技術が、日本国内に広く普及、浸透し、わが国社会が激変したこととよく似ている。そして、今では、自動車がなければ、最低限の生活も営めないような人間社会の仕組みがつくられてしまい、地方社会では特にそれが顕著になっている。

しかし、わたしたちが生きる二十一世紀社会では、自動車文明への過剰適応を見直していかなければならない。好きな時に好きな場所に出かけられるという移動の自由は、自動車交通の持つ最大の利便性であるが、皆が無秩序に車を使いすぎているため、交通混雑や地球温暖化をもたらし、最終的に人間社会全体の利益が損なわれようとしている。加えて、高齢ドライバーが激増する近い将来において、運転免許を手放さなければならない人が確実に増えることも、自動車文明の見直しの大きな要因になるはずである。

本書の冒頭で述べたとおり、文明社会において一度手に入れた便利なものを手放す勇気をもてる人は、たしかに少ないといえる。しかし、真の文明人とは、便利なものを捨て去る勇気をもてる人ではないだろうか？　これはブレイクスルー、あるいはパラダイムシフトと呼ばれるものであり、既成概念を打ち壊すことを意味する。既成の枠組みのなかで効率性、利便性を追求する従来型の「進歩の思想」は限界にきており、これまで当たり前とみなされていたことを原点に立ち返って、その是非を検討することが、二十一世紀社会では、個人においても社会においても必要になる。

老年期を生きる人々には、心身ともに現状を受け入れて、それに見合った生活を構築していくことが求められる。いわゆる「老いの受容」であり、それによってこれまでの自分自身の生き方が肯定され、それが土台となって、さらに今後の人生のなかに展望を見いだすことができるのである。

老年期を生きる人々が自らのＱＯＬ（Quality of Life）を高めていくためには、社会参加の機会をもつこと、社会の動きに関心をもつこと、打ち込める活動や趣味を有することの重要性が指摘されている。こうした前向きな生き方が精神健康度を高め、長寿につながると考えられるからである。

一方、自らの健康面への満足度が高いこと、夫婦や家族への満足度が高いこと、後進への期待や思いやる気持ちをもつことも、老年期のＱＯＬを高めていくうえでたいへん重要であるとされる。いずれも老いの受容に深く関わる内容であるからである。そして、高齢者の介護にあたる家族と医療関係者たちも、生と死の問題を自らの問題としてとらえ、患者を暖かく看取り、看取りを通して自己を見つめ、命の尊さに気づくことが大切である。

本書では、交通という窓から超高齢時代を迎えている日本社会を眺め、二十一世紀におけるわが国の交通社会のあり方、さらには人間社会のあり方を模索した。今後もこの問題意識を大切にし、研究を続けていきたいと思う。筆者の研究をいつも暖かく支えてくれている国士舘大学の同僚諸氏、母校の恩師や先輩、学会・研究会や企業の友人方々、そして、母、妻、二人の子供たちに感謝の意を表したい。

最後に本書の出版にあたり大きなお力添えをいただいた学文社の三原多津夫氏に対して心から御礼申し上げたい。

二〇〇七年四月

水戸の自宅にて

所　正文

引用文献

朝日新聞記事　二〇〇六年八月七日　〈社説〉自転車大国―マナーを説くだけでなく

朝日新聞記事　二〇〇六年十月十二日　高齢運転者に認知検査義務づけへ　警察庁

Bian,Y. & Ang, S. 1997 Guanxi networks and job mobility in China and Singapore, *Social Forces*, 75, 981-1007.

ビネー・A　一九六一　波多野完治（訳）　新しい児童観　明治図書
（Binet, A. 1909 *Les idées modernes surles enfants*. Flammarion.）

Brayne, C. & 池田学　二〇〇五　英国における痴呆の自動車運転　老年精神医学雑誌　一六巻、八三一―八三五ページ

Cronbach, L. J. 1967 How can instruction be adapted to individual differences? In Ganne (ed.) *Learning and Individual Differences*. Merrill.

Dore,R. 2002 Will Global Capitalism be Anglo-Saxson Capitalism ? *Asian Business & Management*, 1, 9-18.

Drachmann,D. A. & Swearer, J. M. 1993 Driving and Alzheimer's disease: the risk of crashes. *Neurology*, 43, 2448-2456.

Dubinsky, R. M., Stein, A. C. & Lyons K. 2000 Practice parameter: risk of driving and Alzheimer's disease: report of the quality standards subcommittee of the American Academy of Neurology. *Neurology*, 54, 2205-2211.

Ellinghaus, D. 1990 Leistungsfahigkeit und Fahrverhalten alterer Kraftfahrer. *Unfall-und Sicherheitsforschung Straßenverkehr*. Heft 80.
（国際交通安全学会　一九九二　高齢ドライバーの人的事故要因に関する調査研究―中間報告書―そのⅡ　より引用）

Friedland, R. P. & Koss E. & Kumar A. 1988 Motor vehicle crashes in dementia of the Alzheimer type. *Annual of Neurology*, 24, 782-786.

本田技研工業ホームページ（http://www.honda.co.jp/safety/）

本間昭（監修） 認知症を知るホームページ（http://www.e-65.net/）

Hunt, L. A. Murphy, C. F. & Carr D. 1997 Reliability of the Washington University Road Test: a performance-based assessment for drivers with dementia of the Alzheimer type. *Arch Neurology*, 54, 707-712.

警察庁 二〇〇七 「道路交通法改正試案」に対して寄せられた主な御意見及びこれに対する警察庁の考え方について（http://www.npa.go.jp/comment/result/koutsuukikaku6/20070215.pdf）

北村隆一 二〇〇六 自動車文明がもたらしたもの 国際交通安全学会（編） 交通が結ぶ文明と文化 技報堂出版 一八五－二一九ページ

高知市民フォーラム 二〇〇六 「認知症と交通安全」（高知新聞 二〇〇六年三月三日、三月十日、三月十七日、三月二十四日に紹介）

国際交通安全学会 一九八五 運転免許試験のあり方に関する調査研究―視覚機能の適性を中心として

国際交通安全学会 一九九二 高齢ドライバーの人的事故要因に関する調査研究―中間報告書（そのⅡ）

航空医学研究センターのホームページ（http://www.aeromedical.or.jp）

越川禮子 二〇〇六 身につけよう・江戸しぐさ ロングセラーズ

黒田勲（監修） 一九七七 航空心理学入門―飛行とこころ 鳳文書林

毎日新聞記事 二〇〇六年二月三日 高齢運転者―認知症対策に検査導入 免許制度見直しへ

三品誠 一九九八 高齢者の更新時講習で使用される運転操作検査器の開発について 日本交通心理学会大会発表論文集（第五八回大会）、六一－六二ページ

長塚康弘 一九九〇 運転適性とは何か 国際交通安全学会雑誌 一六巻、二一七－二二六ページ

長塚康弘 二〇〇六 これでは事故はなくならない―データ直視の事故対策・研究を 日本交通心理学会大会発表論文集（第七一回大会）、六四－六五ページ

長山泰久 一九七九 ドライバーの心理学 企業開発センター

長山泰久 一九八九 人間と交通社会―運転の心理と文化的背景 幻想社

日本自動車工業会ホームページ（http://www.jama.or.jp/）

日本放送協会　一九九四　交通事故死―なぜ日本だけ減らないのか　ＮＨＫ総合テレビ（ＮＨＫスペシャル）一九九四年十二月二日放送

日本放送協会　二〇〇六　認知症ドライバー三〇万人―相次ぐ事故をどう防ぐか　ＮＨＫ総合テレビ（ＮＨＫクローズアップ現代）二〇〇六年六月十四日放送

日本経済新聞記事（夕刊）二〇〇六年十一月三十日　高齢運転者の認知機能検査「七五歳以上」で検討

日産自動車ホームページ（http://www.nissan-global.com/JP/SAFETY/）

佐川浩一　二〇〇五　自動車業界の取組み　自動車技術、五九巻、一二月号、一五―二〇ページ

総理府　一九六六　交通安全白書（昭和四一年版）

総理府　一九七六　交通安全白書（昭和五一年版）

総務庁　一九八五　交通安全白書（昭和六〇年版）

総務庁　一九八六　交通安全白書（昭和六一年版）

総務庁　一九九五　交通安全白書（平成七年版）

総務庁　一九九六　交通安全白書（平成八年版）

内閣府　二〇〇四　交通安全白書（平成一六年版）

内閣府　二〇〇五　交通安全白書（平成一七年版）

内閣府　二〇〇六　交通安全白書（平成一八年版）

鈴村昭弘　一九七一　空間における動体視知覚の動揺と視覚適性の開発　日本眼科学会誌　七五巻、一九七四―二〇〇六ページ

鈴村昭弘　一九八四　視覚機能検査　山本宗七他　労働適応能力の生理学的評価法　高年齢者雇用開発協会、八六―九五ページ

Tillman, W. A. & Hobbs, G. E.　1949　The accident-prone automobile driver: A study of the psychiatric and social background. *American Journal of Psychiatry*, 106, 321-331.

所　正文　一九九二　日本企業の人的資源―管理論と現代的課題　白桃書房

所　正文　一九九七　中高年齢者の運転適性　白桃書房

所　正文　一九九九　交通社会における高齢者との共存　政経論叢（国士舘大学）、一〇七号、二七一―五五ページ
所　正文　二〇〇一　高齢ドライバー運転適性プロジェクト報告書　茨城県交通安全協会
所　正文　二〇〇二　働く者の生涯発達―働くことと生きること　白桃書房
所　正文　二〇〇四a　交通社会における高齢ドライバー　交通心理学研究、二〇巻、一号、三七―四五ページ
所　正文　二〇〇四b　日本人研究者の在外研究の意義―英国シェフィールド大学での研究活動を含めて　政経論叢（国士舘大学）、一三〇号、一二五―一四四ページ
Tokoro, M. 2005 The shift towards American-style human resource management systems and the transformation of workers' attitudes at Japanese firms, *Asian Business & Management*, 4, 23-44.
東京都福祉局　一九九六　高齢者の生活実態及び健康に関する調査専門調査結果報告書
トヨタ自動車ホームページ（http://www.toyota.co.jp）
上村直人他　二〇〇五　認知症高齢者と自動車運転―運転継続の判断が困難であった認知症患者一〇例の精神医学的考察　老年精神医学雑誌　一六巻、八二二―八三〇ページ
上村直人　二〇〇六　医学的視点から見た高齢ドライバーと認知障害―わが国の認知症ドライバー対策における現状と課題　日本交通心理学会大会発表論文集（第七一回大会）、八―九ページ
読売新聞記事　二〇〇五年十月二十四日　七〇歳が東名逆走し衝突、本人死亡・三人重軽傷
吉村匡史・吉田常孝・木下利彦　二〇〇五　免許更新における問題―法的なことも含めて　老年精神医学雑誌　一六巻、八〇二―八〇八ページ
全国デマンド交通システム導入機関連絡協議会のホームページ（http://www.demand-kyougikai.jp/）

た

さ

か

索　引

[著者紹介]

所　正文（ところ　まさぶみ）

1957 年（昭和 32 年）水戸市に生まれる.
早稲田大学第一文学部卒業，同・大学院修士課程修了，文学博士．現在，国士舘大学政経学部教授，主幹総合交通心理士．

産業・交通場面における心理学的研究に長年取り組んでおり，1988 年に東京都知事賞，2004 年には日本応用心理学会賞を受賞．2003-04 年に英国シェフィールド大学 Visiting Professor.
次の 2 つの研究テーマの展開をライフワークにしている.

1. 交通社会における高齢ドライバー研究
2. 職業人のキャリアデザイン，ライフデザイン研究

2 つのテーマは「高齢者研究・生涯発達研究」というブリッジで結ばれている．研究の最終ゴールを現象の記述や分析のレベルに留めるのではなく，高齢時代を生きる人々の QOL（Quality of Life）を高める臨床的実践活動の展開であると考える.
主要単著は次のとおりである.
『日本企業の人的資源』（白桃書房），『中高年齢者の運転適性』（白桃書房，文部省科学研究費助成図書），『働く者の生涯発達』（白桃書房），The shift towards American-style human resource management systems and the transformation of workers' attitudes at Japanese firms（*Asian Business & Management*），The low-risk taking attitude of professional old drivers（*Japanese Journal of Applied Psychology*）など.

高齢ドライバー・激増時代
——交通社会から日本を変えていこう

2007年6月5日　第1版第1刷発行
2008年2月1日　第1版第2刷発行

著者　所　正文

発行者　田中千津子
発行所　株式会社　学文社

〒153-0064　東京都目黒区下目黒3-6-1
電話　03（3715）1501 ㈹
FAX 03（3715）2012
http://www.gakubunsha.com

印刷　新灯印刷
製本　小泉企画

ISBN978-4-7620-1699-8

伏見幸子・古川繁子編著

事例で学ぶ高齢者福祉論

Ａ５判　208頁　定価 2310円

高齢者福祉とは何かを学び，介護や支援の場に就こうとする人たちが生活の知恵や文化を通して自らの高齢者福祉観を構築できるよう企図し，多くの事例を通して現状を把握できるよう配慮した一冊。

1357-9 C3036

川上昌子著

都市高齢者の実態〔増補改訂版〕

――社会福祉学としての考察――

Ａ５判　208頁　定価 2625円

千葉県習志野市の病弱老人調査，老人病院入院者調査，特別養護老人ホーム入所者調査等の包括的な調査にもとづいて，都市高齢者の一般的な生活実態と要介護の側面の実態について実証的に論述した。

1233-5 C3336

三戸秀樹他著

安全の行動科学

――人がまもる安全，人がおかす事故――

Ａ５判　224頁　定価 2548円

人間中心という視点から，安全心理学を可能なかぎり網羅し，体系づけた書に編纂。産業事故に限らず，家庭生活ほかあらゆる事故を含めて解説。これから産業界に参入していく人にも必読の書。

0437-5 C3036

正田　亘著

環境心理入門

四六判　176頁　定価 1733円

社会学，建築学，人類学，工学，都市計画等と心理学の学際的研究領域として近年注目を集めている学問。人間特性に適合した環境の設計や改善を目的とする環境心理学の考え方を具体的に説述する。

0160-0 C3025

正田　亘著

五感の体操

――心理学を活用したあたらしい安全技法――

四六判　152頁　定価 1575円

あらためて我が身の能力や特性，とりわけ五感について かえりみると，意外なほど無知なのがふつう。そこらの危険をさけるにも，職場でも夫婦でもひとりきりでもよし，お手軽な五感の訓練法を紹介。

1006-5 C0075

小向敦子著

カジュアル老年学

――ホリスティック・アプローチによる入門編――

Ａ５判　208頁　定価 2415円

誰にもやがて訪れる「老年」の光と影について，アカデミック，かつ系統づけてわかりやすく解説。高齢者になるのが楽しみに待ち望めるような高齢者社会の構築について考える。関連用語３百余収録。

1237-8 C3037

瀬沼克彰著

高齢余暇が地域を創る

四六判　288頁　定価 2625円

高齢社会・日本。職場から地域へと転換する高齢期の余暇時間を，個人としての充実とともに，地域再生，次世代へとつながる豊かなものにするためのノウハウを，生活体験に基づいて多彩に論じる。

1615-2 C3337

清見潟大学塾編

新静岡市発 生涯学習20年

――自立型長寿社会へのアプローチ――

Ａ５判　304頁　定価 1500円

生涯学習の分野で全国に先駆け，市民主導型のシステムを構築してきた清見潟大学塾。20年の私塾の歴史を振り返りつつ，これからの自立型長寿社会の構築に向けた可能性を模索する。

1327-7 C0037